CIID“学会奖”

——2013第十六届中国室内设计大奖赛优秀作品集

中国建筑学会室内设计分会 编

内容提要

本书收集了中国建筑学会室内设计分会 2013 年举办的第十六届中国室内设计大奖赛 CIID“学会奖”各类获奖作品。全书内容包括酒店会所类、餐饮类、休闲娱乐类、零售商业类、办公类、文化展览类、市政交通类、教育医疗类、住宅类及方案类获奖作品。

本书适合室内设计、建筑设计、环艺设计、景观设计等专业设计师和院校师生借鉴参考。

图书在版编目（CIP）数据

CIID“学会奖”：2013第十六届中国室内设计大奖赛优秀作品集 / 中国建筑学会室内设计分会编. -- 北京：中国水利水电出版社，2014.5

ISBN 978-7-5170-2076-9

Ⅰ. ①C… Ⅱ. ①中… Ⅲ. ①室内装饰设计－作品集－中国－现代 Ⅳ. ①TU238

中国版本图书馆CIP数据核字(2014)第106668号

书　　名	CIID“学会奖” ——2013 第十六届中国室内设计大奖赛优秀作品集
作　　者	中国建筑学会室内设计分会 编
出版发行	中国水利水电出版社 （北京市海淀区玉渊潭南路 1 号 D 座　100038） 网址：www.waterpub.com.cn E-mail：sales@waterpub.com.cn 电话：（010）68367658（发行部）
经　　售	北京科水图书销售中心（零售） 电话：（010）88383994、63202643、68545874 全国各地新华书店和相关出版物销售网点
排　　版	中国建筑学会室内设计分会
印　　刷	北京神州信达印刷有限公司
规　　格	210mm×285mm　16 开本　19 印张　304 千字
版　　次	2014 年 6 月第 1 版　2014 年 6 月第 1 次印刷
印　　数	001—800 册
定　　价	238.00 元

序言

我国传统的室内装饰有着辉煌的历史，在明清时期曾达到很高的水平。但现代的室内设计，我国却是在 20 世纪 80 年代才开始起步。由于经济的高速发展，人们居住环境的不断改善，以及新技术、新材料的涌现，为室内设计的日新月异的变化奠定了基础。

开始的时候，人们对这个行业还不了解，从业人员不多，特别是长期不能对外进行交流，以致对国际上的现代室内设计知之甚少。最初广州首先引进了香港的室内设计，引起了业内的轰动。大家纷纷前往参观学习。于是出现了一阵“摹仿”、“抄袭”之风，几年过去又掀起了“欧式”与“中式”的热潮。在经过反复的实践和讨论之后，设计师们逐步认识到设计的最终目的是实用，于是作品也越来越理性化、越来越贴近生活，抛弃了只追求表面形式的东西，使我国的室内设计逐步走向健康发展之路，设计水平不断提高，设计师的队伍也在不断壮大。

从 1998 年开始的中国室内设计大奖赛，正是伴随着我国的室内设计发展而成长起来的。业内的各种设计思潮，在参赛作品中都得到了体现。此外，由于各地经济发展的不平衡，室内设计行业发展水平出现过东南高、西北低的差异。但是，通过多年的参赛、评比、展览、观摩，及各种形式的学术交流，带动了西北部的发展，设计水平迅速得到提高。

十多年来，通过中国室内设计大奖赛，推出了一批批优秀室内设计师，他们通过常年不懈的努力，专业水平得以不断提高，在学术上达到了一定的高度。其中，不少人已经成为我国室内设计行业中的领军人物或设计骨干，为我国室内设计行业的发展做出了贡献。

中国室内设计大奖赛不仅仅是一项专业设计的赛事，其在行业的发展上也起到了一定的推动作用，并且见证了我国室内设计行业的发展历程。我们将努力把这项赛事办好。

CIID 资深顾问、竞赛委员会主任

2014 年 4 月 15 日

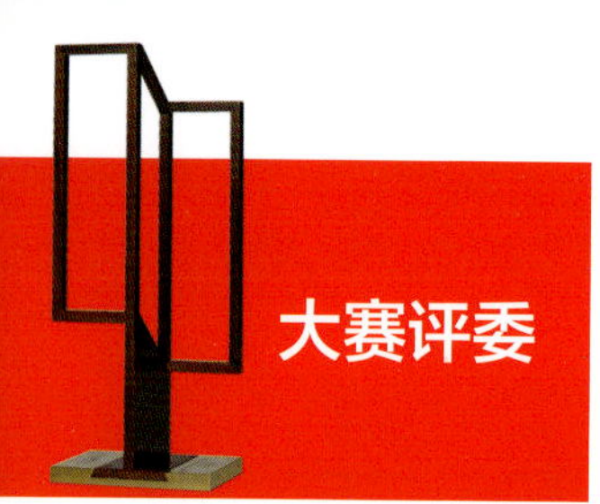

大赛评委

徐卫国

清华大学建筑学院教授
建筑学系系主任

陈德坚

香港德坚设计创办人

余 平

CIID 理事
西安电子科技大学副教授

叶斌

福建国广一叶装饰公司
董事长

Marc Bernier

优地易国际建筑设计（北京）有限公司
合伙人 首席设计师

David Mason

伍兹贝格建筑设计咨询（北京）有限公司
资深室内设计师

目录

住宅类

方案类 概念创新 / 文化传承 / 生态环保

新秀奖

入选奖

上苑小院

—— UN 会所

项目地址：北京市昌平区兴寿镇上苑艺术家村
设计单位：北京优恩空间环境设计有限公司
设计主创：高立平
设计团队：齐雁舒　高宏伟
设计时间：2012 年 5 月
竣工时间：2013 年 5 月
项目面积：650 ㎡
主要材料：水泥　红砖　原木　青瓦　绿植
摄　影：王长宁

小院尽可能地规避既有经验，倒退至经验以前的规定性（先验）并跨越至超验的存在度。这种大尺度拉长式的两极对接，主观上希望突破物理场域和心理场域的界定，达到反时尚的目的，切近本真，使之恒久……

小院是僻静的，是安详的，是稳态的。我们寄希望于小院环境中的某物能寻找到它既有的方位并与之对话，捕捉它散溢的那久远年代演存之历程的光辉，哪怕微弱，也会引领我们朝向出发之地，去感受它的存在！

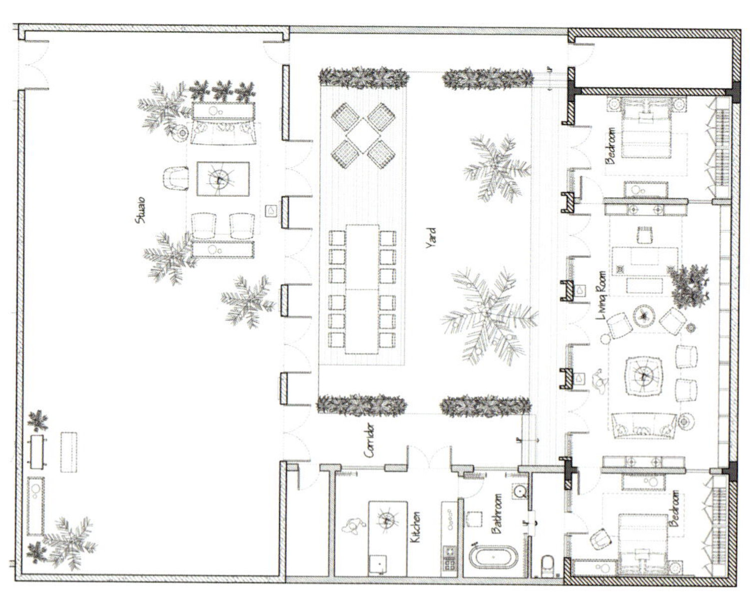

平面图

客厅 | 古老略显笨拙的农舍内，明亮的光线、饱满的层次、纯净的色调，跨越时空、地域，在此交融品鉴

客厅｜依着绿色的庭院，享受着花草和文字的芬芳；
窗前的雕塑，平添那莫名的来自远古的忧伤

卫生间｜洁净质感来自清冷的色调，
不拘一格的选材顿生情趣

工作室 | 建筑的取材及营造方式，彰显了自然、朴素的品质茂盛的 植物环绕，闲来品茗，同享骄阳

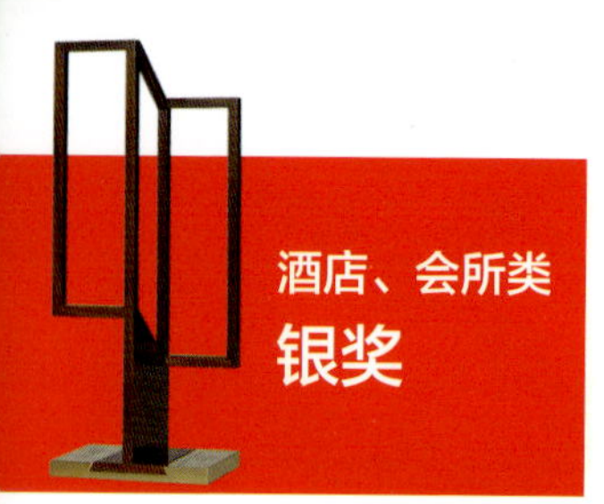

扬州雅悦酒店

项目地址：江苏扬州市广陵区
设计单位：无锡市观点设计工作室
设计主创：孙传进 胡强
设计团队： 齐明 李彦均 祁锦
项目面积：3800 ㎡
设计时间：2000 年 04 月
主要材料：北欧原木 天然银白龙石材 麻质饰面材
生态纸

交汇大厅 | **虚实间的对比呈现了流动云淡风轻的状态**

雅悦水会所位于扬州古城，设计师在如此的历史名城里，充分地享受着创作的过程，通过极其巧妙的动态布置，悄无声息地将“雅悦在云间”的意境融入到了空间里。

本着对会所级水疗的项目定位作为设计起点，设计师整合自己对这个既国际化又传统的城市底蕴做了一次大胆的设计。色彩在空间里担当了极其重要的角色，公共区域的暖调，通过材料质感的对比，精选的银白龙石材与开放漆处理的美国橡木，异质同色的精巧组合和对比，使得空间完整亦灵动。而整个设计运用了不同材质及不同肌理的云纹，通过现代手法的表现和装置，在主题上强调，在色彩方面使得原本温润雅致的空间多了几分灵气，冷暖的交合互补，在这里洋溢着。

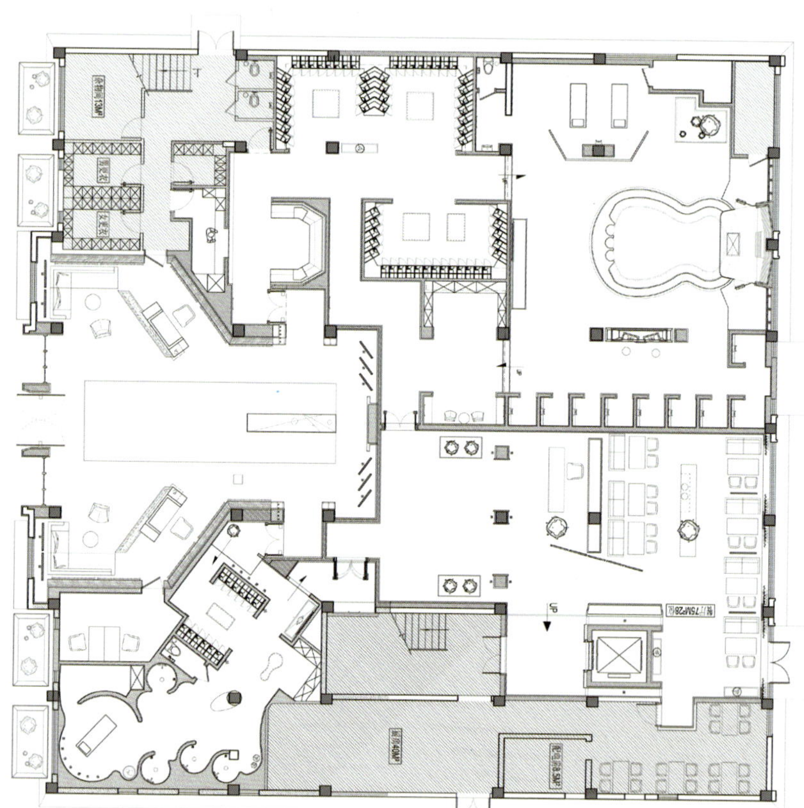

一层平面图

景观走道 | 纷纷落下的枝叶会让你进入回忆之境

大厅 | 设计师轻与重之间似乎如此的清

休息大厅前厅 | 如飘忽的天灯，配合着空间在它的尽头

客房

细部 | 浅浅淡淡的枝干虽轻犹重……沉淀着哲人气质

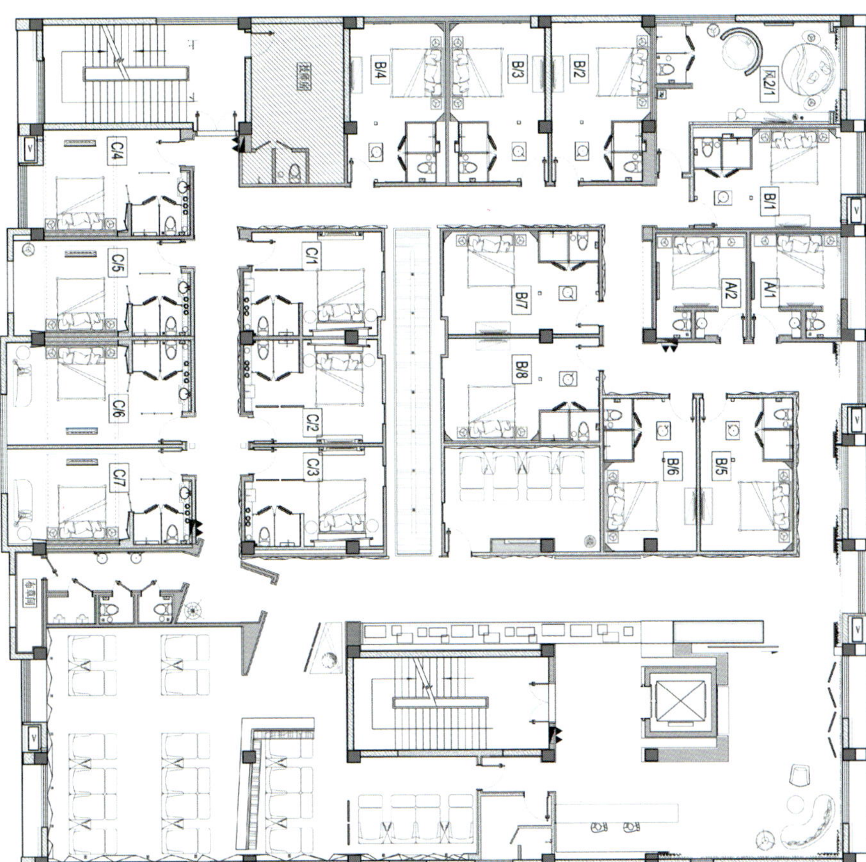

二层平面图

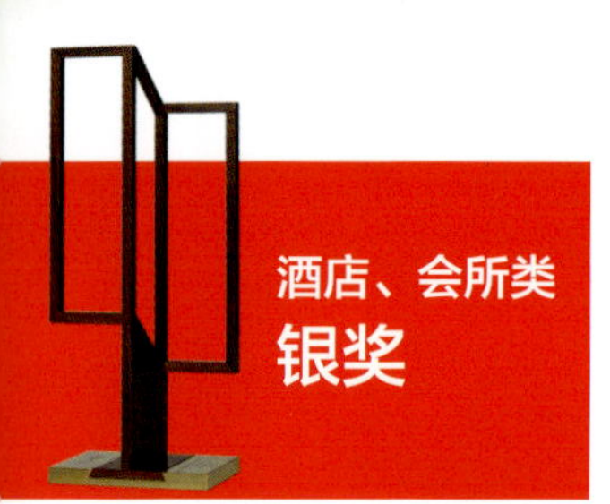

逍遥会
国际顶级养生会所

项目地址：江西省南昌市红谷滩新区
设计单位：江西汉元正果广告策划设计有限公司
设计主创：廖辉
设计团队：刘军

外立面 | **洗尽铅华，终有归处**

逍遥会国际顶级养生会所，承载着千年传统文化与修身养性之精髓。意在打造一个集国学文化、传统中医、现代休闲养生为一体的体验中心。“逍遥”是品牌传递的核心。美学上以传统文化再现，使人们获得精气神合一的综合体验。厚重的色彩感，再通过丰富的软装，过渡到尊贵感的金色和亮色，去感受现代的人性追求和文化的回归。通过人境合一，人和物彼此的沟通和理解，体验“物物有真机，处处皆真境”的心灵感受。

整个会所被划分为6个楼层：隐、聚、意、境、清、观。每个楼层都从不同元素和手法衍生不同的意境，整体空间主要以厚重色彩为主轴，让心灵回归，将外界的纷扰一层一层沉淀下来，让生命复朴，归于宁静。

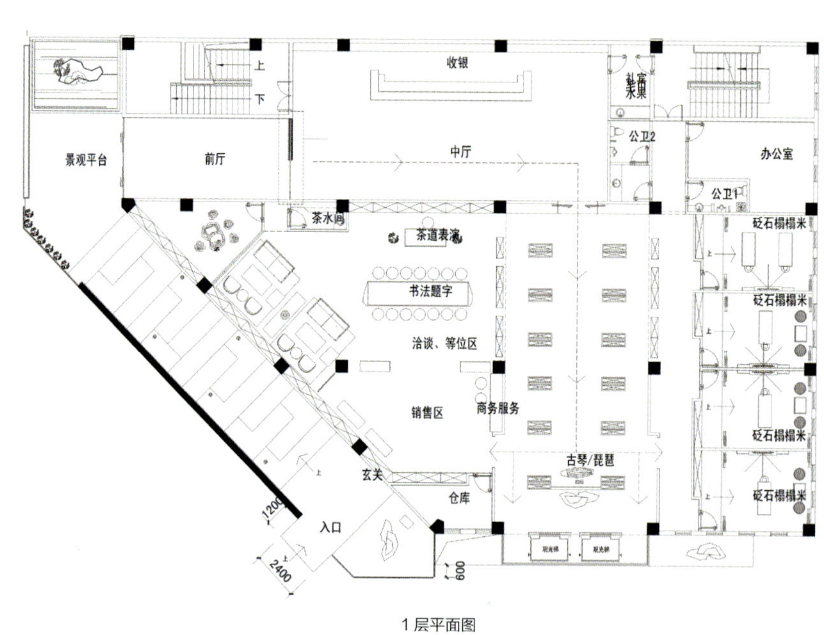

1层平面图

入口楼梯 | **举步直通幽幽深处**

入口

入口平台

入口平台

前厅局部

过道局部 | 厚重沉淀，隐于无形

房间局部 | 水墨韵味，尽显空间张力

酒店、会所类
铜奖

景苏楼会所

项目地址：四川省眉山市纱縠行南段 224 三苏祠博物馆内
设计单位：经典国际设计机构（亚洲）有限公司
设计主创：王砚晨　李向宁
设计团队：杨丁
项目面积：室内 800 ㎡　园林 3000 ㎡
竣工时间：2013 年 1 月
主要材料：云南大理石　银灰洞石　水墨白马赛克
珠粒墙纸　青铜浮雕　水杉木挂件
黑色镜钢　手工丝毯
摄　　影：申强

景苏楼会所设计工作围绕中国文人的庭院生活展开。室外空间的设计将传统的造园手法与当代的审美需求相结合。整个庭院充分体现中式园林“移步换景”的手法，每走一段路或转个弯都会有不同的视觉和听觉体验，“随机因缘，构图成景”这也是中国式庭院生活的精髓。

室内空间的营造同样以庭院为中心，室内的空间设计尊重中国古建筑的内空间结构，充分体现了中式古典建筑的结构及空间美感。在室内材料及家具的使用上，注重选择有细腻质感的材料，如珠粒壁纸、丝质皮面、石材马赛克等，塑造出古典优雅的高贵室内空间。协调淡雅的色彩搭配，更是契合中国文人生活意境的品位需求。

廊道

会客厅

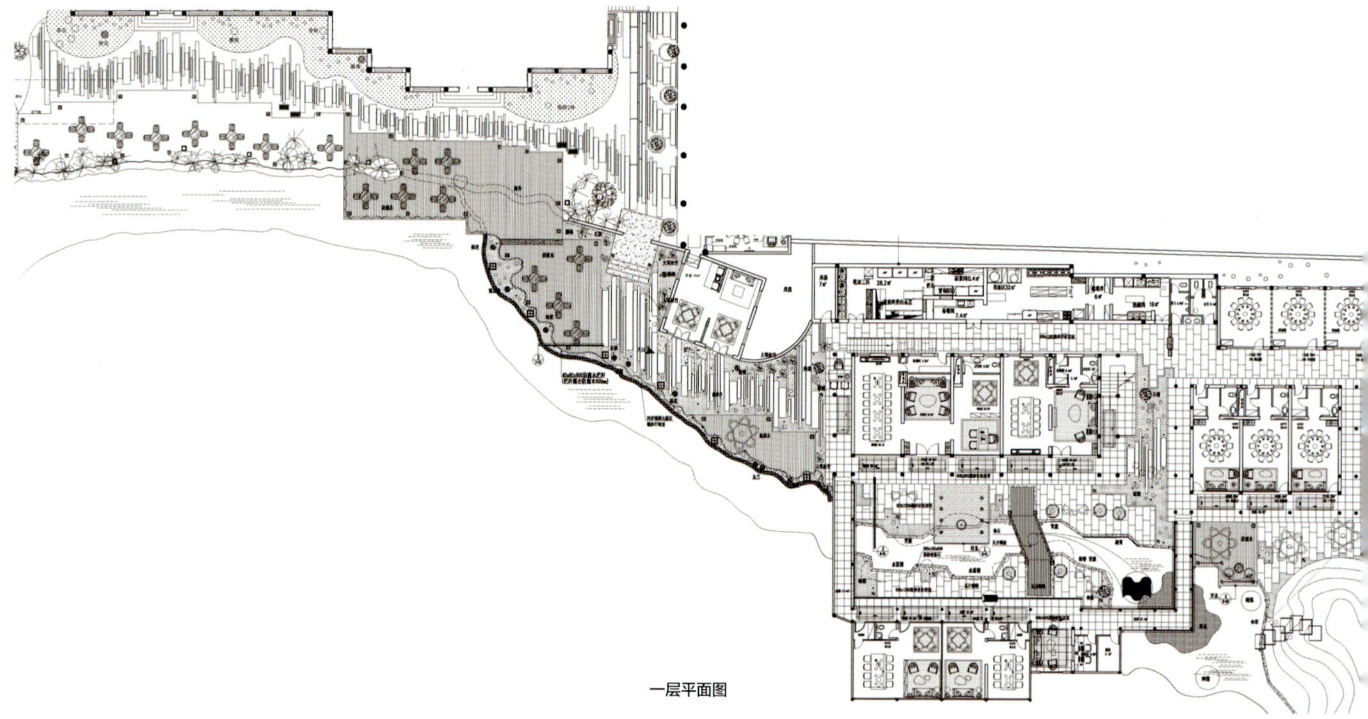

一层平面图

庭院景观

棋牌室

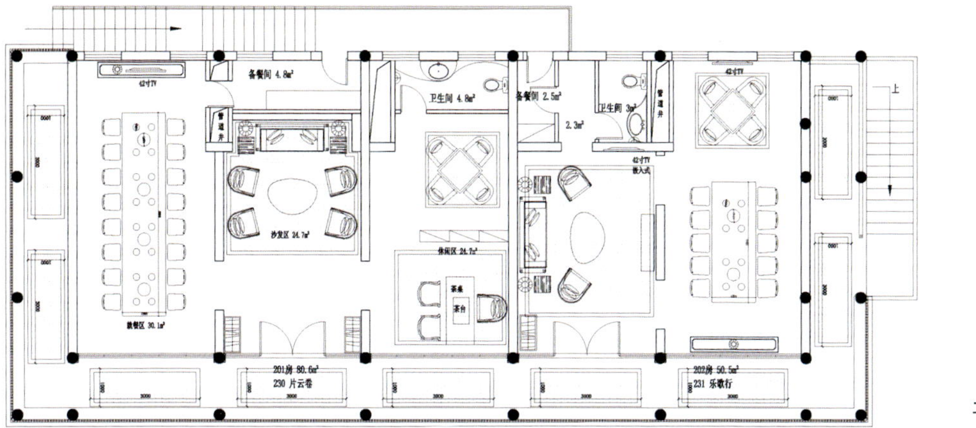

二层平面图

庭院外一角

酒店、会所类

铜奖

清雅简奢

——莲庄会所

项目地址：浙江省杭州市西湖老十景之花港观鱼之内
设计单位：杭州华优室内设计有限公司
设计主创：翁瑞栋
设计团队：汪承舟
设计时间：2011 年 9
开放时间：2012 年 10 月
项目面积：2 幢小楼，建筑面积 1600 ㎡，
景观面积约 2000 ㎡

外景

莲庄会所坐落于西湖老十景之花港观鱼之内。基于对原建筑及环境的尊重，设计师毫无悬念地选择了新中式的风格，将文化融入其中，一切从功能出发，在力求对原初景观保护下，打造一处清雅简奢的场所，既不负造物之天赐，又可作贤达之馆堂。

从外围看，日暮之时，天色暗沉，青蓝澄彻，衬着白墙素瓦的小楼，灯光透射，终究可算是一处形胜之所，设计师希望能藉着此处将现代元素和谐地与古典传统结合，既保持了中国的传统，又有时代感，突破了中国传统风格中沉稳有余、活泼不足等常见的弊端，让新中式风格之美在隽秀西子的映衬下展现得淋漓尽致。

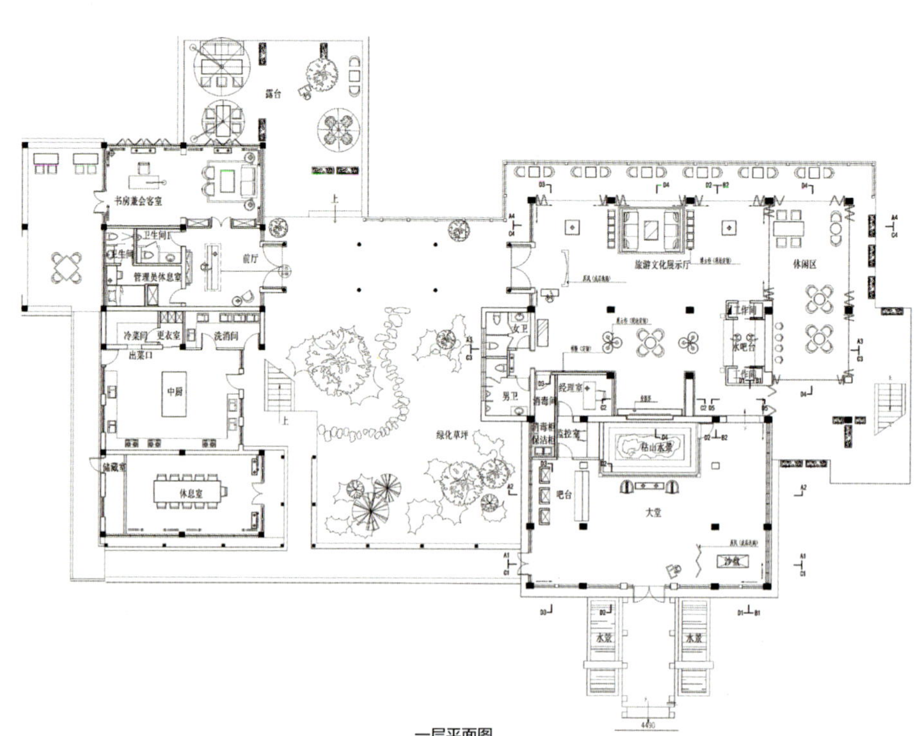

一层平面图

大厅

就餐大厅

书房前厅

卧室
会客区
露台
卫生间
走廊
门厅
过道
8-1600
16-2800
包间
备餐间
传菜门
走道
棋牌室
包间二
中空
烧烤自助区

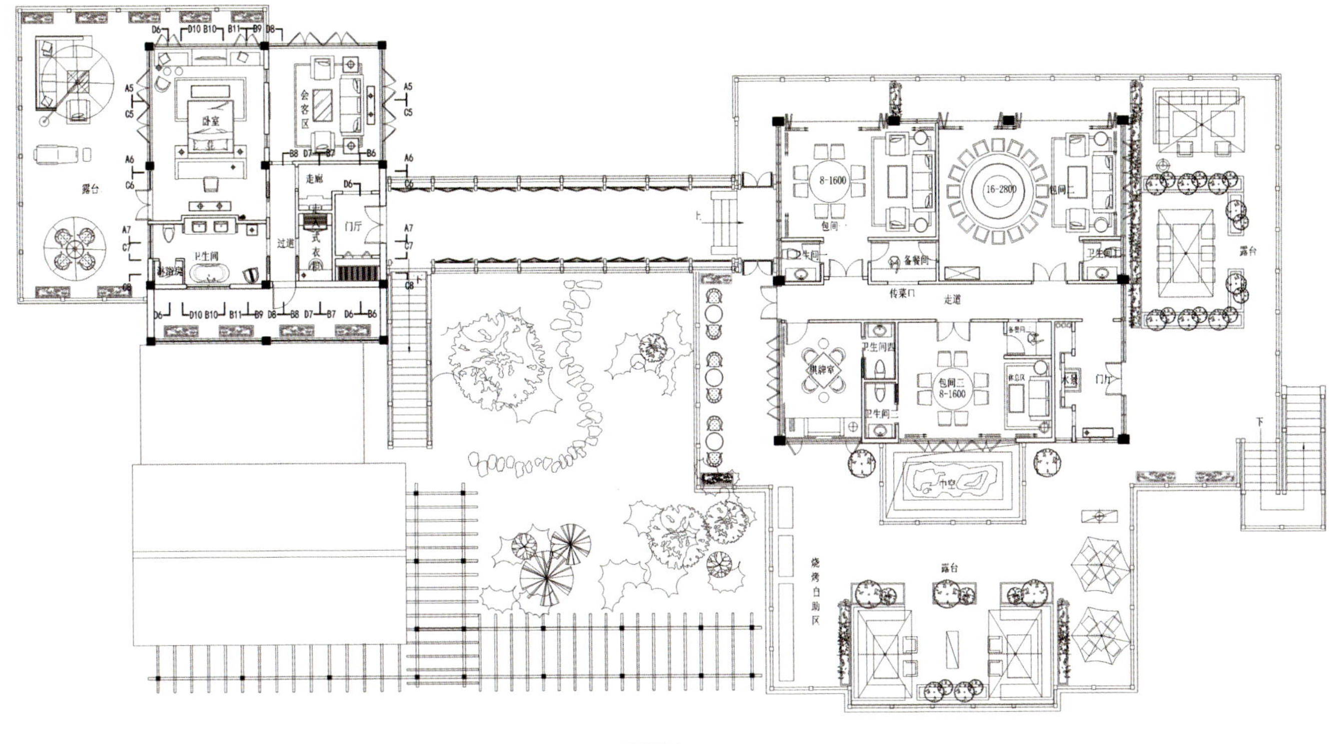

二层平面图

中餐包厢

醉东方

项目地址：福建省福州市
设计单位：上海唐玛空间设计有限公司
设计主创：施旭东
设计团队：洪斌　陈明晨　林民
设计时间：2012 年 11 月
开放时间：2013 年 01 月
项目面积：172 ㎡
主要材料：玻化砖　300mm x 300mm 文化砖　600mm x 600mm 仿古砖　600mm x 600mm 毛面文化砖　条石　不锈钢管　白色大理石　80mm 高不锈钢踢脚线　实木踢脚线　防锈漆　白色半光水性水泥漆

过道

设计师用淡定从容的细节主张，绘制成传统生活的一个缩影。通过对传统文化的思考、延伸、致敬、改造、重生，使得空间仿佛是一场时空交错的舞台剧，演绎着过去与当下的精彩。灰砖铺设的地面带着沉稳的力量，空间的吊顶以及部分墙面用不同雕刻纹理的中式构件铺设，流动中展现一种秩序的大气之美。黑色在传统文化中代表着“水”，而这种围合式的布局也潜移默化地诠释着四合院的建筑实践。摆设其间的家具以改良的中式设计为基调，用当下的使用习惯与审美需求来映照着人们对传统文化的敬意。楼梯区域，设计师用现代的几何解构思想来表达一种文化的碰撞与融合，并让空间在轻与重之间沟通共融。

二楼的区域中，三坊七巷建筑的写意形态与西方油画的写实静物搭配在一起，并在画的尽头虚拟上江水、帆船、海鸥等景致，让人不自觉地摇曳在艺术与文明的氤氲情境之中。在会所的包厢中，暖色的麻布铺陈在若干墙面上，自然朴实的纹理沁人心脾。另一侧的墙面上则轻描淡写着古代文人的形象，绵延其中的人文精神削弱了元素间的冲突，彼此之间的适度差异让生动充盈着空间。

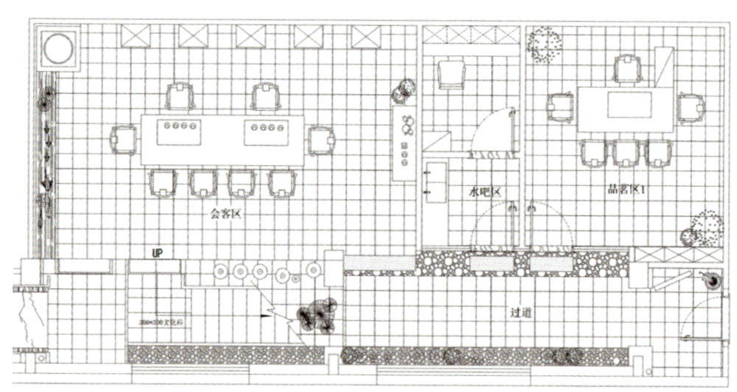

一层平面图

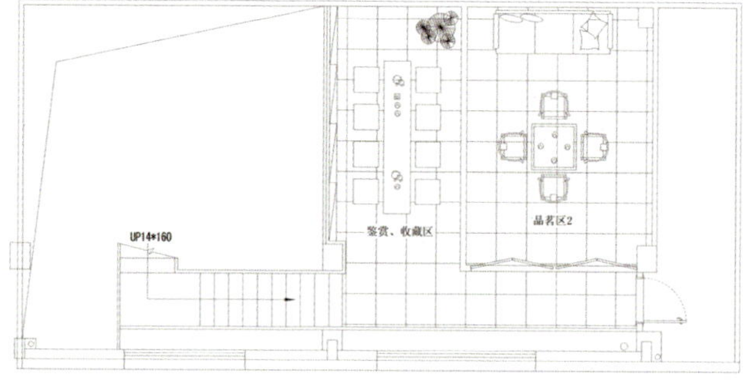

二层平面图

会客区 | 空间的吊顶以及部分墙面用不同雕刻纹理的中式构件铺设，每一个部分都是一种格调、一种意境，流动中展现一种秩序的大气之美，这些物件都是设计师亲力亲为的产物

会客区 | 设计师通过对传统文化的思考、延伸、致敬、改造、重生，使得空间仿佛是一场时空交错的舞台剧，演绎着过去与当下的精彩。灰砖铺设的、地面带着沉稳的力量，粗犷的质感与其周围的环境产生了对话，让内心在不绚丽、不耀眼、不强烈的环境中，产生归去来兮的淡然

会客区

包厢｜设计师将三坊七巷建筑的写意形态与西方油画的写实静物搭配在一起。人们仿佛走入另一重境界，身心不自觉地摇曳在艺术与文明的氤氲情境之中。中式文化衍生出一种安宁的心境

玄关水幕墙｜图叠石搭成的水幕墙，传递着潺潺的水声。人与水的交流互动，洗礼着空间的人文关怀。白色与周遭的古朴斑驳形成视觉的反差

王家渡火锅黄冈店

项目地址：湖北省黄冈市
设计单位：经典国际设计机构（亚洲）有限公司
设计主创：王砚晨　李向宁
设计团队：郭文涛
项目面积：1900 m²
竣工日期：2013 年 5 月
主要材料：浪淘沙大理石　山水纹大理石　生锈钢板　橡胶木　金属网
摄　　影：中强

观湖一角

王家渡火锅黄冈店位于湖北省黄冈市的遗爱湖公园腹地，遗爱湖是黄冈市内最美的城市自然湖景公园，湖畔种植的大多是扶岸的垂柳，湖面波光粼粼，一如丝绸般飘逸，褶皱处也满含诗情；广阔的湖面，明净而通透，湖波如境，杨柳夹岸，照映倩影，充满无限柔情。

沿着湖边小径走向餐厅，湖边的自然美景恰如苏轼描写过的醉人西湖景色："水光潋滟晴方好，山色空蒙雨亦奇"，隐逸于山水之中，这是餐厅所处环境对设计的灵感启发。通过合理保留与利用周边植栽，重新定义建筑和自然的关系，达到设计与自然的平衡。

室内空间的设计概念源自王家渡火锅的品牌核心理念，即渡口文化的重新演绎。于是有关渡口文化中的人文和自然元素演变为空间中的设计语汇。水纹、卵石、游鱼、水鸟、菖蒲、蓬船、栈道等视觉意象通过抽象化提炼，以不同的材质来体现。在空间中，金属、玻璃、石材、木材等传统材料成为新的载体，以创新的手法共同编织一幅悠然纯美的自然美图。

顶层的观景露天更是欣赏湖景的绝佳之地，木质地台、白玉围栏、青黛瓦面，围合成一处私密的顶层空间，开阔的视野提供了欣赏湖景的无限可能，无论是清晨还是日暮，坐落露台，沐浴清风，凭栏远眺，正如东坡词："认得醉翁语，山色有无中。一千顷，都镜净，倒碧峰"。

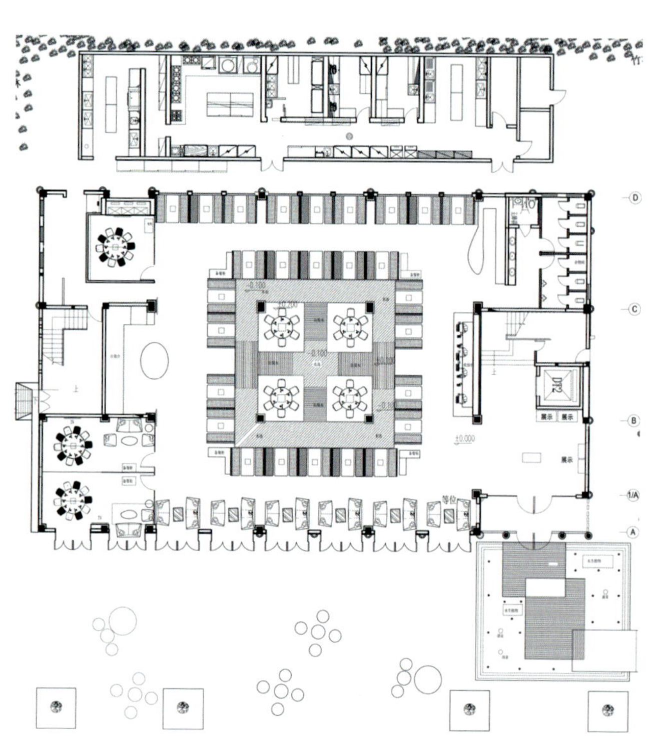

一层平面图

观水廊道

戏水回廊

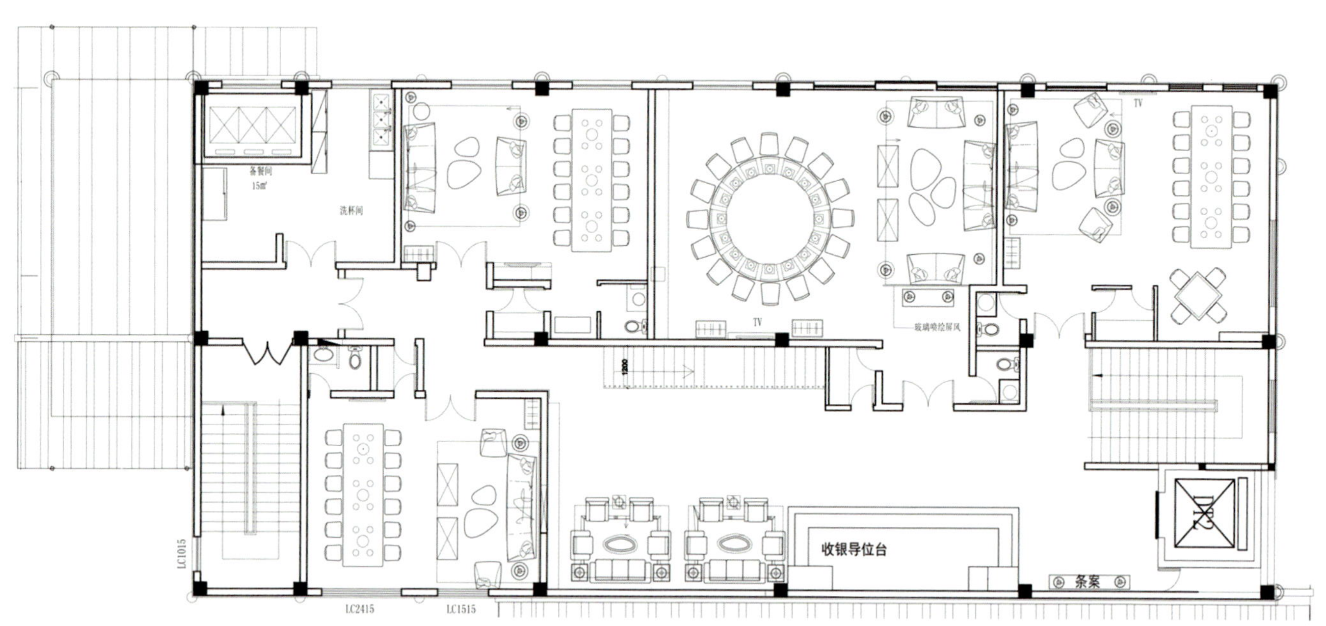

三层平面图

河上花

听泉台

“梅林阁”私厨

项目地点：安徽省合肥市
设计单位：合肥许建国建筑室内装饰设计有限公司
设计主创：许建国
设计团队：刘丹 汝亚国 姚传宏
项目面积：260 ㎡
项目金额：60 万
主要材料：意大利木纹石 水曲柳肌理板 仿古砖 原木 皮革
摄　　影：吴辉

本项目与众不同，希望能让访客远离城市的喧嚣，获得内心的宁静。因此，空间中的一砖、一墙、一桌、一椅、一壶、一画相互依存，无不像诗似画，以情动人，融情入境，营造悠闲自得的心境。项目试图在空间氛围的营造上以“说故事”的方式来呈现，充分把业主的情感经历融入到餐厅的设计当中。因此，你会注意到，墙面会有为业主量身定做的一些照片框，访客在用餐的同时可以真切了解到主人的精神，还有其对文化和艺术的追求。因此，梅林阁的设计，无论从空间氛围的把控，还是装饰物品的摆放，每一处都在向访客诉说“她的故事”、“她的情感”。它更像一首诗，缓缓道来，一句一句，不多不少。此外，空间氛围“看似无形胜有形”，怡然自得、超凡脱俗，设计师在徽派风格的另外一种尝试，也是对当下中式设计的一种探索。设计师所见所感，非有意寻求，而是不期而遇。

入口的空间设计比较特别，设计师在整个一层设置了一个小型会客厅和入门玄关接待。其用意是希望客人忘却寻找梅林阁的路程繁杂，进入此地能寻找一丝清幽。而在二层设置了包厢和卡座，在天台还有一处就餐区；在三层设置了一个茶房茶室、露天的天井景观水台，从而达到贯通的感觉，使人在此空间能达到充分的放松。项目以平易朴素的设计，恰似陶渊明的“采菊东篱下，悠然见南山”、“山气日夕佳，飞鸟相与还”那样达到形式和内容的高度统一，既富于情趣，又饶有理趣。在这里，设计师力求营造一种蕴含一丝清凉、舒适宜人的环境，它能隔离外部拥挤喧闹，在水泥丛式的建筑当中找到一丝自然之感。因此室内选用了大量极富自然、古朴的装饰物件，这些物件都是经过精心挑选过的，它们为空间氛围营造带来了许多惊喜。

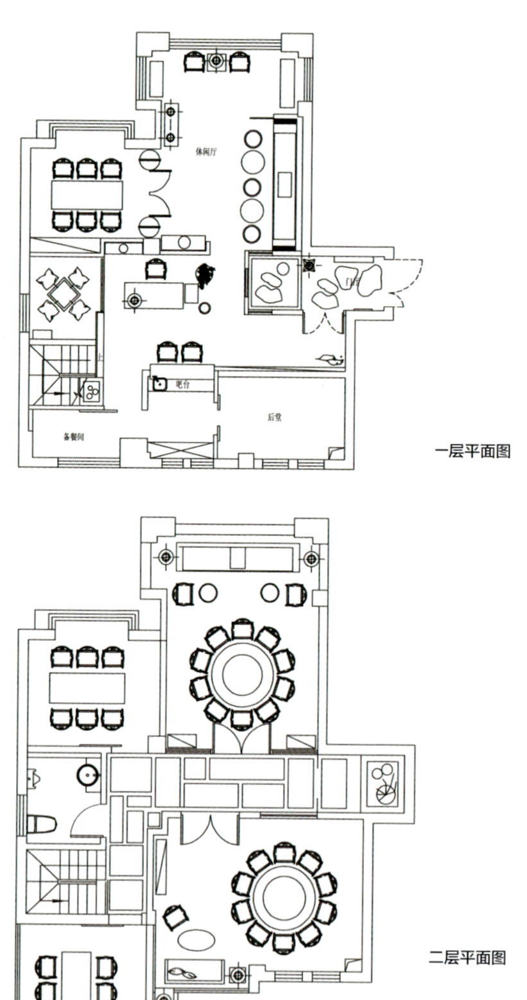

二楼走道 | 原木的大量运用使空间自然和谐

三楼茶室 | **茶之道，禅之道**

一层休息室 | **朱红色柜子选择尤为抢眼**

锦宴

项目地址：广西南宁市青秀区民族大道 106 号南宁国际会展中心
设计单位：徐代恒设计事务所
设计主创：徐代恒
设计团队：周晓薇　黄仲谋　吴青青
设计时间：2013 年 3 月
开放时间：2013 年 7 月
项目面积：900 m²
主要材料：麻质硬包　玫瑰金不锈钢　镜面不锈钢
　　　　　木饰面　茶镜　地毯　泰柏灰大理石　镜子等

包厢过道一

广西是壮文化的民族，本案要突出民族特色，同时也要贴近当今的审美感受，因此设计师从壮文化中提取了部分民族元素做了全新的演变，麻质硬包浓重的装饰色彩，用现代拼接的手法，体现民族文化浓烈的装饰感。包厢的前厅 8.5m 高的大屏风，宛如为二楼包厢奏出气势磅礴的前奏。餐厅包厢入门选取了不同的广西风光素材，与阵列的古铜锁共同强调了地方的民族文化特色。走道地板是用石材加工过的马赛克地板，搭配 V 型铺贴的木地板，低调而时尚，不缺层次。

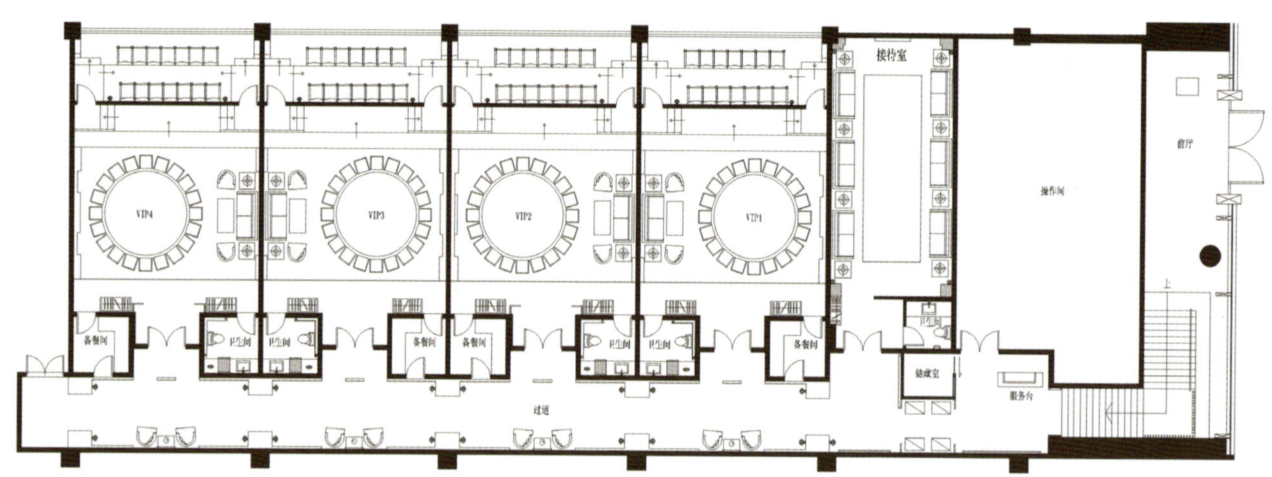

平面图

包厢一 | 碎花硬包的拼接从墙面连到天花，一气呵成，与地毯的抽象大花纹形成对比，体现民族气质的同时更体现出现代感

接待台 | 红色拼接的麻质硬包，既能体现空间的民族气质又不失因用现代构成手法而表达出来的现代气质

包厢入门二 | 包厢入门前的装饰画是广西龙脊梯田风光。镜子的组合运用，让空间内又存在着空间，独特而奇妙

包厢二

包厢过道二

包厢入门一 | **包厢入门前的装饰画是广西三江程阳风雨桥的风光**

餐饮类

铜奖

休闲酒庄

项目地址：福建省福州市马尾保税区
设计单位：福州远步艺术装饰有限公司
设计主创：康延补
设计团队：林琳　刘常煌　黄鹄立
设计时间：2012 年 10 月
开放时间：2013 年 3 月
项目面积：340 ㎡
主要材料：松木　艺术涂料　亚光通体砖

前台 | **设计师用葡萄酒箱的正面铺满整个前台背景墙，然后，用高亮的投影灯将企业 LOGO 打在这面用葡萄酒箱“堆砌”成的墙上。**

本案为客户提供了一个小型聚会及洽谈业务的空间。空间大致划分为：前厅、等候区（烟区）、品酒区、酒库和办公室等。

前厅的设计旨在给人留下深刻的印象。设计师用葡萄酒箱的正面铺满整个前台背景墙，然后，用高亮的投影灯将企业 LOGO 打在这面用葡萄酒箱“堆砌”成的墙上。

等候区（烟区）是一个入口与主体空间（品酒区）的衔接点。这个区域向内扩张的隔墙设计在心理上引导了从入口而来的客人。

品酒区被划分为两部分。前半部分为接待品酒区，后半部分为高台式品酒区。

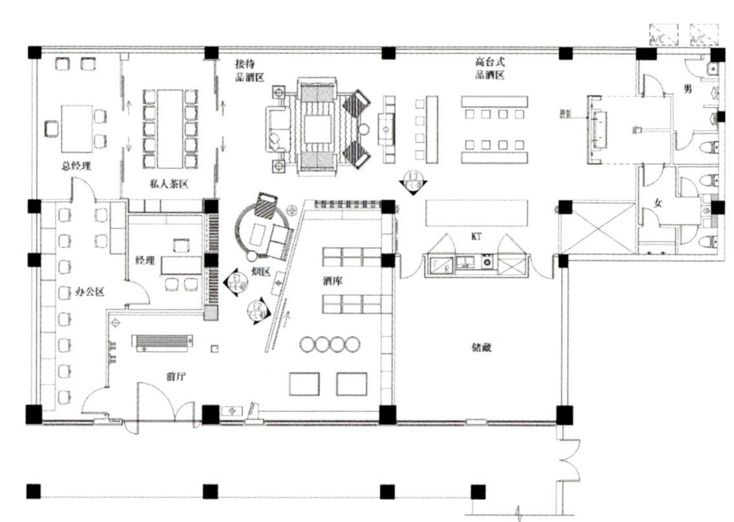

平面图

高台品酒区和厨房

两个品酒区域分别针对团体及个人。和高台品酒区相邻的是厨房，厨房的岛台上悬挂着大量的酒具以展示酒文化。厨房四通八达，方便主人把食物和酒水送至各区域。在半空中贯穿两个品酒区的是高低不平,长短不一的矩形吊架。设计师把自己搜罗来的各种廉价台灯放在吊架上作背景光源之用。

酒库在本案中有 3 种。第一种重展示（入口右侧），第二种重收纳（厨房后的大空间），第三种重窖藏（厨房旁的小房间）。

总经理办公室和品酒区之间的私人茶区是一个相对私密的空间，洽谈业务时可将推拉门关上。平时，推拉门敞开，空间显得通透、连贯。

另外，本案陈列酒和酒具的方式也经过认真设计，不同区域的陈列方式也不尽相同。前台采用让瓶口翘起的摆放方式。等候区（烟区）则采用只展示瓶口的陈列方式且用酒瓶摆出了特定的图案。而品酒区的酒瓶，都以横向倾斜的方式展现侧面。

从整体上来说,这个空间现代、朴实、不张扬。无论从空间划分、色调控制，还是装修材质的选择都旨在营造舒适的氛围。偶尔，迸发出的一点灵感变成了墙上的铜锣、手绘和一些有意思的小玩意儿，不喧宾夺主，却让空间更有意思。

总经理室 | **摆设简单实用。在平时推拉门敞开的时候，方形的手绘用于稳定视觉中心**

私人茶区 | 总经理办公室和品酒区之间的私人茶区是一个相对私密的空间，洽谈、业务时可将推拉门关上。平时，推拉门敞开，空间显得通透、连贯

等候区 | 一个入口与主体空间（品酒区）的衔接点。这个区域向内扩张的隔墙设计在心理上引导了从入口而来的客人

餐饮类
铜奖

MINT 薄荷餐吧

项目地址：福建省福州市
设计单位：福州宝立方装饰工程有限公司
设计主创：吴少余
设计时间：2012 年 10 月
开放时间：2013 年 4 月
项目面积：室内建筑面积 280 ㎡，室外面积 200 ㎡
主要材料：激光镂刻碳钢 不锈钢 木材 火烧面石材 素水泥 镜面

光影下的酒会区

这是一个复古而前卫的时尚餐吧。设计师以超脱的先锋意识结合丰富多样的手法，创造出一个具有多元化审美情趣的空间。整个场所呈长条形，室内和室外用长达 18m 的大鲨鱼缸区隔，使室内外的关联极具戏剧性，增添了时空交错的奇幻色彩。进入室内，视线立刻被吧台背景的不锈钢造型墙面所吸引，它宛如一条长龙从小歌台的地面一直蜿蜒伸展至吧台背景的天花板，这个造型与吧台相呼应，无疑就是整个餐吧的视觉中心。吧台是由整块原木打造，厚重而沉稳，其下支撑体的透光孔发出温和亲切的光，犹如美女顾盼的明眸。毗邻鱼缸的卡座区上方是烛台灯组成的大型灯架，灯架顶部是镜面不锈钢折板造型，灯光作用下交相辉映。相邻的木制线框吊顶在材质和色调上相得益彰，同时不动声色地将空间做了隐约的分区。这两组造型贯通全场，形成清晰的视觉引导，并且增强了空间的延伸感。激光镂刻碳钢、亮面的不锈钢、做旧的木材，以及石材地面和素水泥墙面，各种材质相互交织，混搭风格的家具，营造轻松浪漫的效果，所有光亮的、黯淡的、华丽的、古朴的、平滑的、粗糙的相互穿插对比，营造一种不动声色的惊艳。灯光在这里扮演高超的调色师，将这里原本可能冲突的一切调和在一起，让复古与时尚在这里碰撞融合，共同上演华丽的视觉盛宴。

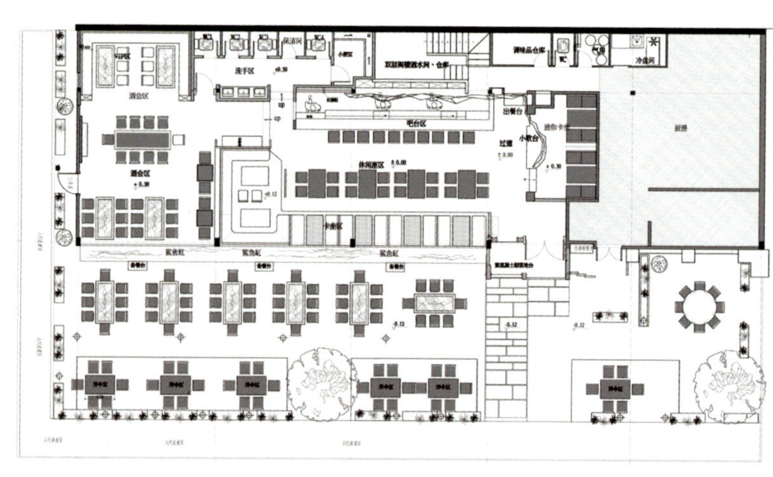

平面图

鱼缸边的卡座 | 上方是烛台灯组成的大型灯架，灯架顶部是镜面不锈钢折板造型，灯光作用下交相辉映。

吧台 | 由整块原木打造，厚重而沉稳，其下支撑体 的透光孔发出温和亲切的光，

酒会区

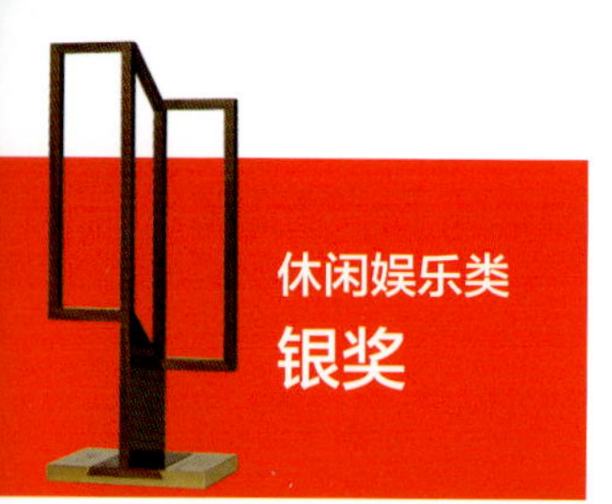

休闲娱乐类
银奖

天眷 SPA

项目地址：福建省福州市
单位名称：福州造美室内设计
设计主创：李建光　黄桥

FAVOUR SPA 以自然建材为设计理念，应用了自然天光及人工留明天花为设计亮点，设计了一个喧哗都市中身心得以放松之地。

前台形象墙

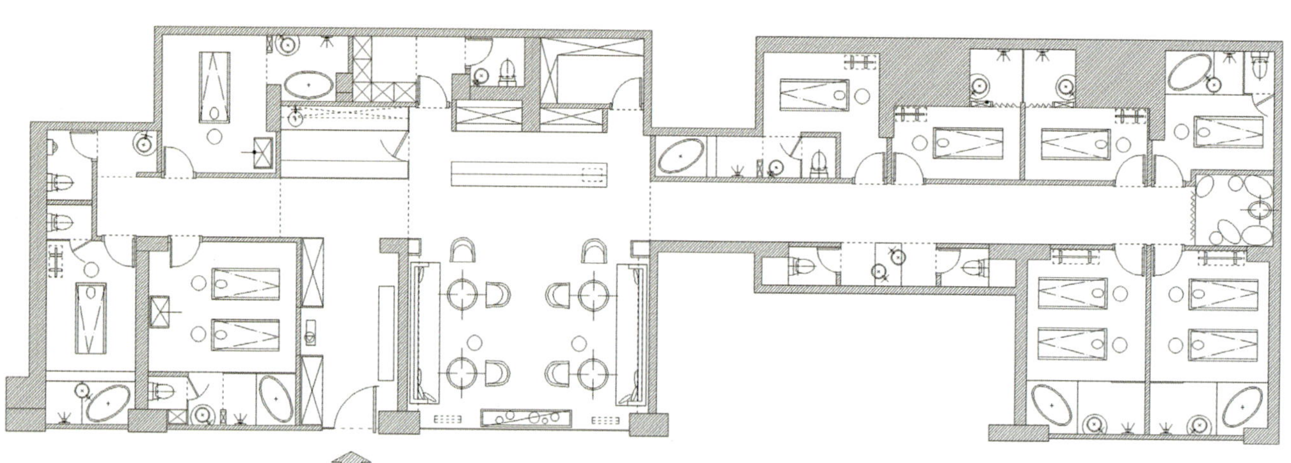

平面图

包厢

存储柜　　前台局部　　洗漱间一角

休闲娱乐类
银奖

清 SPA

设计单位：江西汉元正果广告策划设计有限公司
设计主创：廖辉　刘军

让心灵回归，将外界的纷扰一层一层沉淀下来，让生命复朴，归于宁静。空间设计的方式令每个来宾心情放松，享受环境给顾客带来的恬静。空间形体的塑造使人置于完全放松的状态，舒适合理的尺度空间，结合古老的传统文化，使空间弥漫浓浓的艺术情调。浓厚的木色、光影、材料的质感，软装饰的恰如其分，巧用对比的手法使空间气氛呈现柔韧相间、巧拙搭配、唯美舒展，较好地表达出空间的高贵品质和闲情逸致。SPA 为了让人松弛、放松。在“清”这一层次中的白，稀疏而又纯净，通体的白容易让人内心安谧，融于云上之白，向心而往。空灵飘逸，带来一种出尘之感，可以仍是自己、亦可忘了自己，可以不是自己、亦可找回自己。

前厅 | **出尘出世，心依旧**

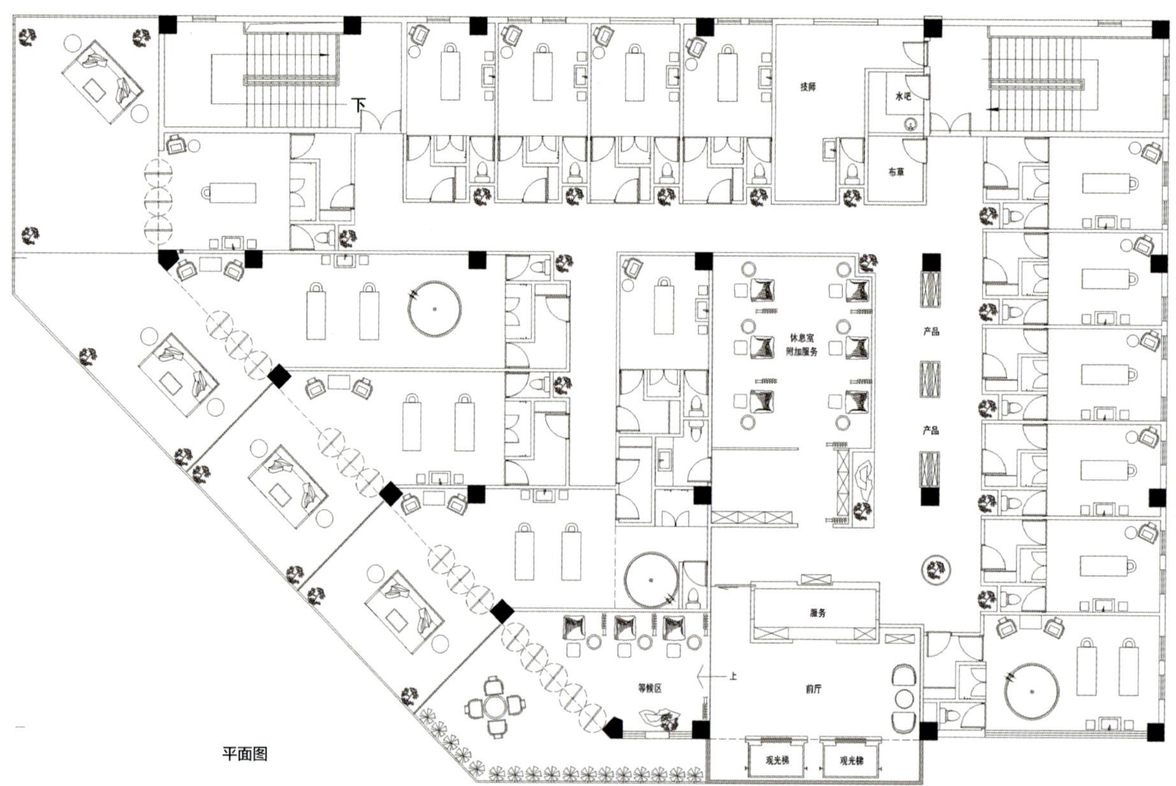

平面图

过道 | 一黑一白皆世界，一明一暗皆是心

过道局部

SPA | 房浓浓光影相生相应

过道 B ｜ 一步一视角，心归自然

过道 ｜ 融于云上之白，向心而往

休闲娱乐类

铜奖

非同
——阳光夜总会

项目地址：河南省洛阳市
设计单位：东厢营造设计顾问机构
设计主创：李凡
设计团队：曹俊峰　张勇
项目面积：4300 ㎡
设计时间：2012 年 6 月
竣工时间：2013 年 1 月

前台｜**立面由数百根 10mmX10mm 的方钢参差焊接贴金之后极为悦目**

出于什么样的心理才可以把这个不小的项目委托给一个未做过类似案例的设计师去做？又如何在工期、造价、效果均不明朗的前提下淡定地接受设计与施工同步进行的这一非同寻常的协作方式？业主的合伙人很难理解。

任何事物都有其不可逆的内在发展规律，或者说是逻辑。以本案讲，设计的过程就是遵循规律的过程：功能组织与空间布局的契合度——动线规划与服务流程的合理性——环境氛围与经营业态的适应性及至工法材料和预算的平衡……

合理的平面组织可以呈现出巨大的信息与可能性，对进一步的设计活动具有显而易见的指向。诸如在空间里行为与视觉感受该产生什么样的节奏——光与形式应如何具有隐喻。无需解读，业主也看出不少门道。所以，是否有过类似案例，能否控制各项指标，最终形成何种效果，这都已经不重要。

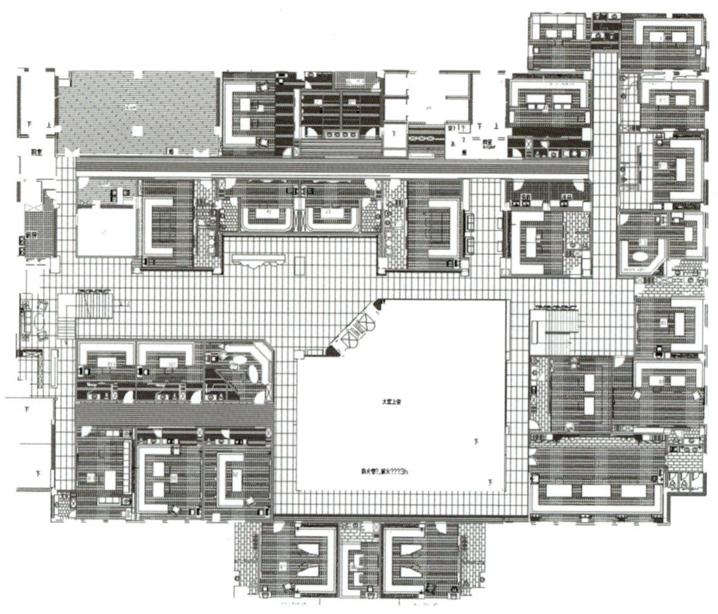

平面图

步梯 | 两侧护栏分别用竖向钢框架和镜面不锈钢完成，形成了虚与实的趣味性

中庭 | 以装饰手法构成的贴金吊环灯阵是空间一处亮点

文艺范儿的包房

走廊 A | 中国意味的钢架构成是主角，
钢网则使平淡的空间变得氤氲

包房 A | 镜面材料的应用和由墙及顶的造型使空间变得迷乱，具有强烈的酒吧氛围

项目中运用了大量装饰手法。中庭内高低错落的钢架所构成的楼梯护栏、切割壁画的黑色木框、满布天棚的金属吊环形成的灯阵、石墙面倾斜的“窗”的概念，以及长达三十米贯穿中庭的荒诞热烈的壁画……既是必要的构造，又极富装饰意趣。

走廊是较易被忽略的空间。根据区域风格差异，本项目在这些部位亦做足文章；VIP 包厢走廊以钢架贴木饰面形成具有中式意境的分割界面，设置铜网使之产生类似绢质的效果，从而使简单的空间富有层次和节奏；中型包房外走廊则引用了龙门石“窟”的地域文化符号，姿态各异的欢喜佛陈设其中，贴合了业态需求。

由于消防的要求，项目选材极为困难。因此，钢材、石料及镜面钢这些最符合要求的材质成为了首选。这反而使项目的成本控制变得容易了。

步梯口 | **既是交通枢纽，也是各种造境手法的结合部**

休闲娱乐类
铜奖

台州元谷沐足会所

项目地址：浙江省台州市玉环
设计单位：杭州大麦室内设计有限公司
设计主创：吕靖
设计团队：邓建勇　陈枫
设计时间：2012 年 10 月
开放时间：2013 年 6 月
项目面积：2000 ㎡
主要材料：橡木　毛石　灰麻　地砖　地板

包厢过道墙面

休息区

过道

延续建筑所赋予的室内空间意义，以其为载体在室内空间的延展、重组，诠释各元素构成的涵义，从中植入文化及地域的多样化元素。再从传统艺术文化中提取相关元素，声、形、色、味等多角度和形态通过解构与演变等设计手法，以传统的基本元素为基础，加以提取用现代的语言将它描述，这就是我们的诉求和表达。

过道

过道

平面图

包厢7
包厢8
包厢9
包厢10
包厢11
包厢12
包厢13
包厢14
过道
包厢16
男卫
女卫
包厢17
包厢6
包厢15
过道
包厢5
厨房
库房
包厢4
加水房
电梯厅
包厢3
男更衣
女更衣
包厢2
技师休息室
服务区
包厢1
休息区
存鞋处
办公室

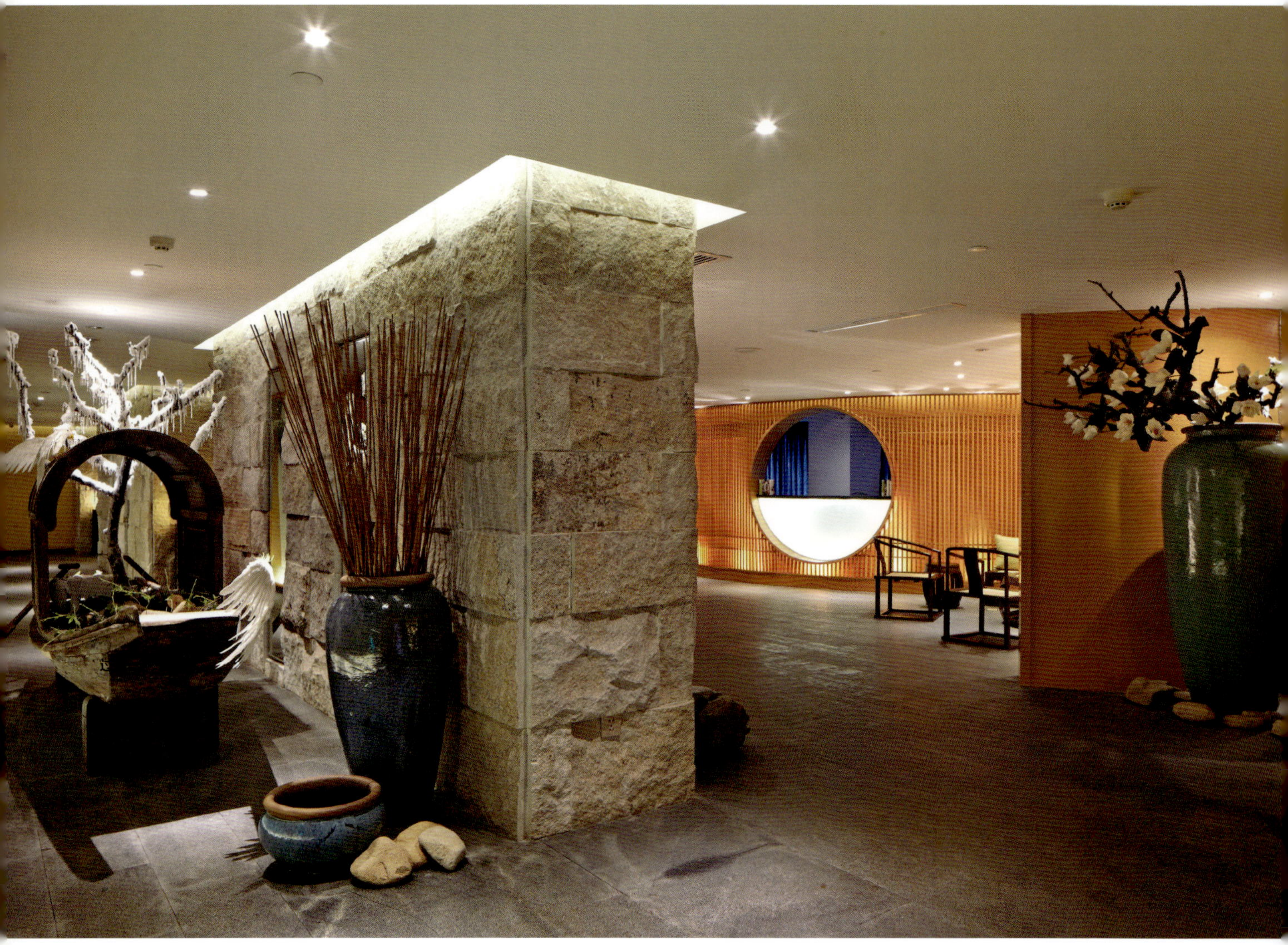

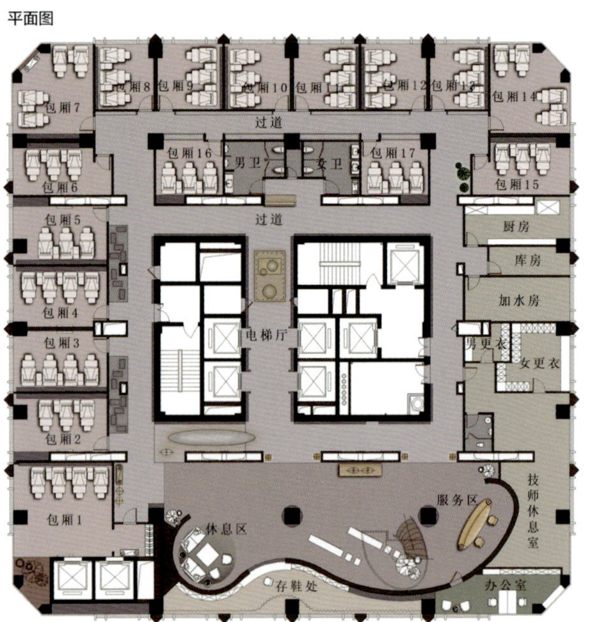

包厢

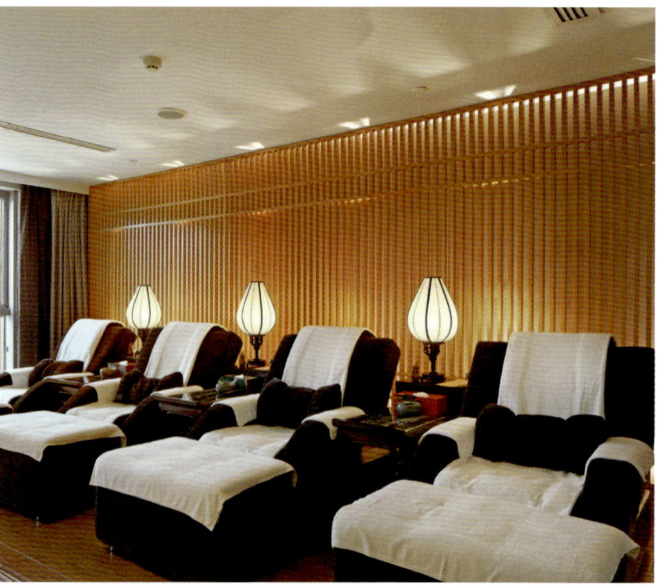

楼梯口

楼梯－俯视

杭州 CIRCLE 酒吧

项目地址：杭州西湖文化广场 3 层
设计单位：厦门东方设计装修工程有限公司
设计主创：吴伟宏
设计团队：宏盟设计机构
设计时间：2012 年 04 月
开放时间：2012 年 11 月
项目面积：400 ㎡
主要材料：钢管　水泥　钢板

大厅

本酒吧应用独特的市场定位，跳出传统的娱乐模式。采用统一的材料、统一的元素，营造一种创新的酒吧风格。钢管曲折的布局，既是家具，也是空间造型，不规则围合让人们在环境中更容易认识和沟通。利用钢管、水泥、钢板这些材料也可以在夜店里创造出生命，体现出独特的娱乐空间，得到社会认可和业主满意。

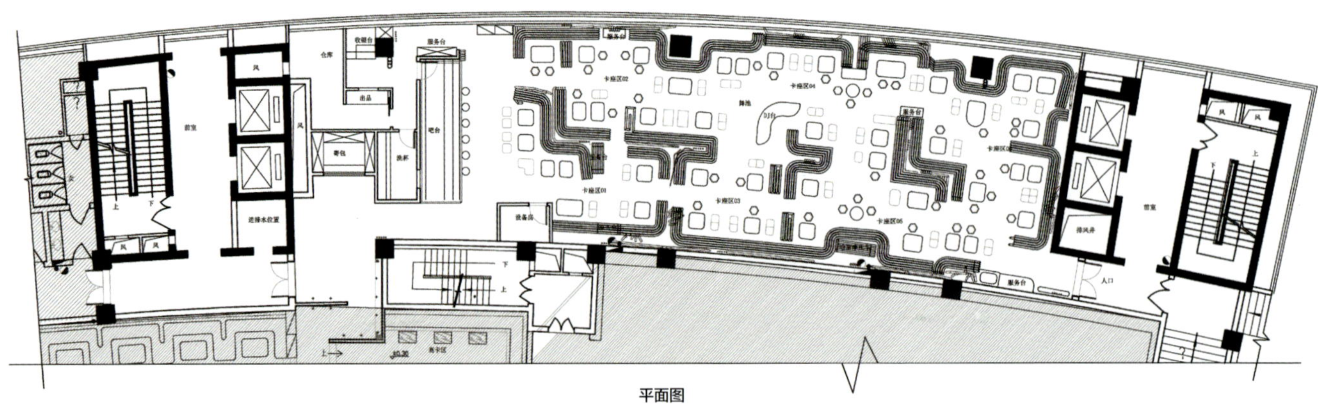

平面图

大厅 | **大钢管曲折的布局，既是家具，也是空间造型**

大厅 | 利用钢管、水泥，钢板这些环保的材料也可以在夜店里创造出生命

过道 | 采用统一的材料，统一的元素，营造一种创新的酒吧风格

过道｜**曲折的布局，既是家具，也是空间造型，不规则围合让人们在环境中更容易认识和沟通。**

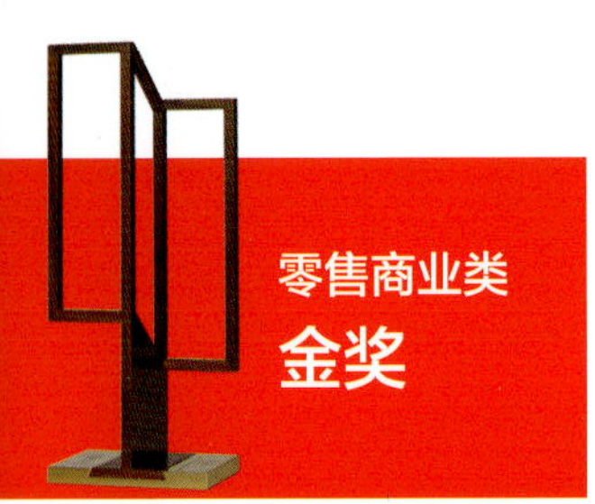

SMEG 橱电专卖

项目地址：厦门市中骏大厦一楼店铺
设计单位：厦门徐福民室内设计有限公司
设计主创：徐福民
设计时间：2013 年 1 月
竣工时间：2013 年 6 月
项目面积：225 ㎡
主要材料：桃花芯原木

用自然质朴的木料构成的盒子联接上下空间，半挑悬空实木台阶视觉冲击强。

首层中岛展示台的创意来自东方传统灶台成为空间视觉中心。

简单质朴的材料应用，现代的几何构成手法，表现了东方传统灶文化和现代高科技产品之间的对话。

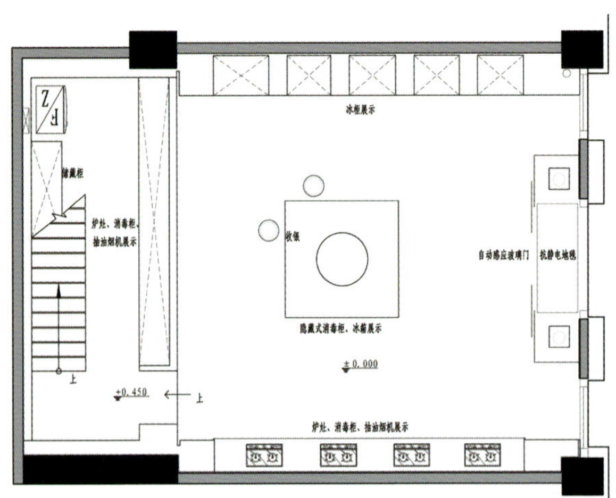

一层平面图

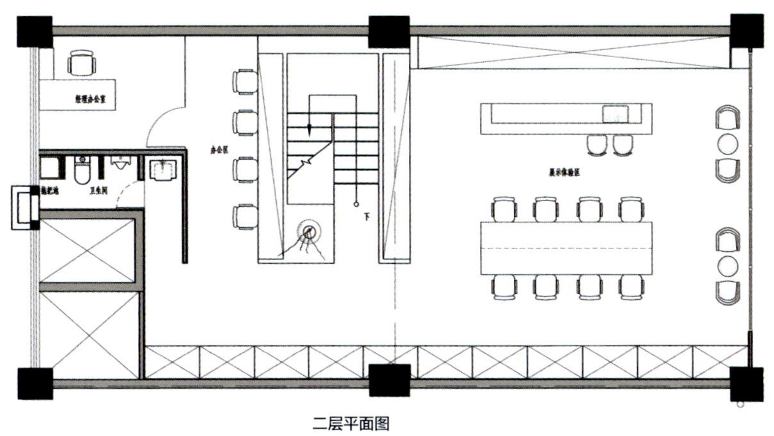

二层平面图

电器展示购买区大厅

电器展示购买区

通往二层电器展示体验及办公区

楼梯

楼梯口下

楼梯口

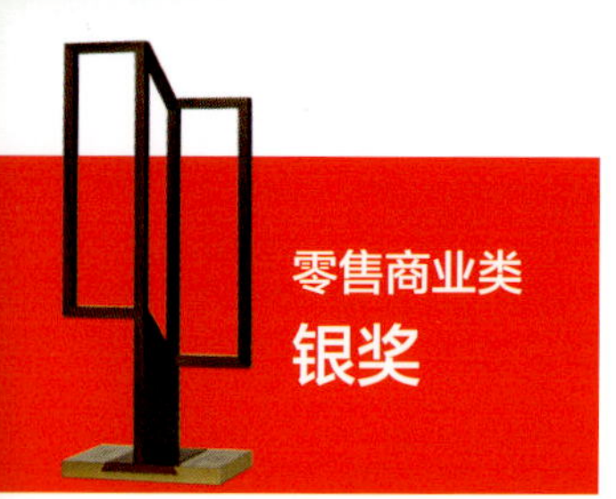

零售商业类

银奖

廊坊德发古典家具体验馆

项目地址：河北省廊坊市大城
设计单位：北京凯泰达国际建筑设计咨询有限公司
设计主创：李珂
设计团队：王娅晖　黄三秀
设计时间：2011 年 10 月
竣工时间：2012 年 11 月
项目面积：6000 m²
主要材料：深灰色地砖　软膜灯箱　丰镇黑烧毛面大理石　深灰色铝板　松木

接待台 | **巨大的白色背景墙带来天方地阔的感觉，透过圆窗观赏背后的风景**

禅本无言，却有无限的意义与无常的感觉。每个人心中都有一个对禅的诠释。

总想着见过的这些中式的家具，表现出特有的“静气”和“禅味”，都具有无烟火气的形，超尘脱俗的骨，娴静闲逸的情和寂寥空灵的味，一几一案能让文人墨客们为之澄怀凝神，静观默想。要造一个馆盛装这份气质，最恰当的，想来只有这浓浓的禅意，让来者体验这份久违的本心。

在建筑材料的使用上质朴平和。用物质上的“少”去寻求精神上的“多”。大厅中的《富春山居图》背景，在深色木格栅的背后静静地散发着柔和的光晕，无用师卷的布局、笔墨、意象与我们所追寻的禅意相得益彰。黑灰色的地面，隐隐反射着光、影、景。

一泓水，一片叶，一粒沙，一枯石，细微之处游山水，悠然之间品禅心。

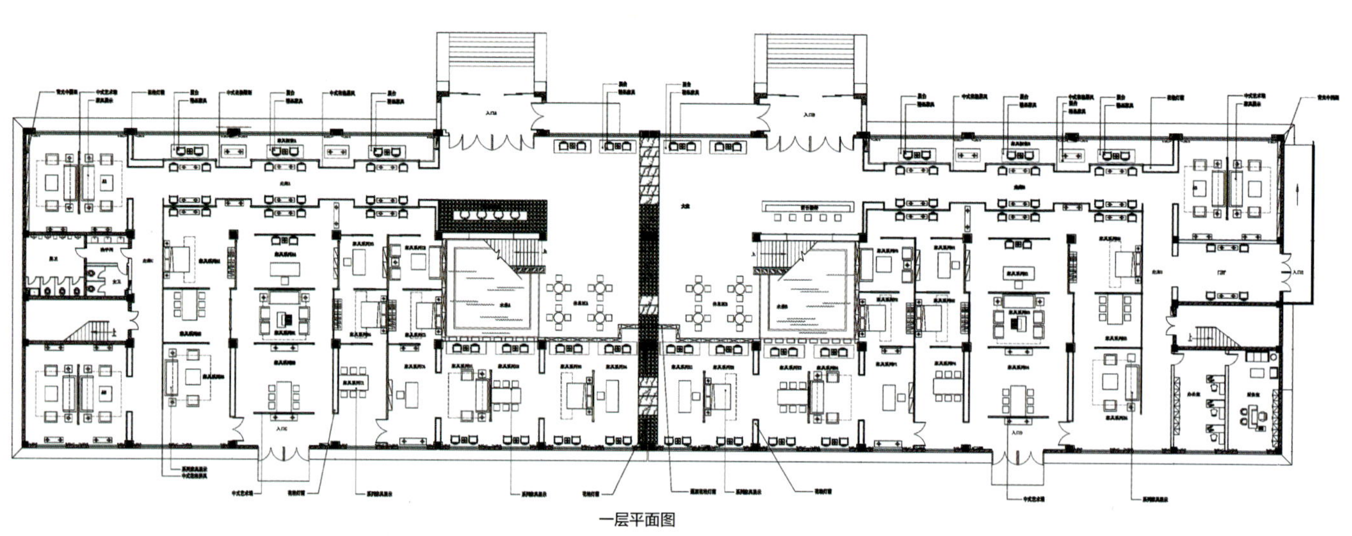

一层平面图

体验馆大厅 | 自然质感的圆形吊灯错落有致的散落在空间里，空间和水面融为一体

体验馆二层局部效果 | **黑灰色的地面，隐隐反射着光、影、景**

体验馆一层走廊 | **走廊的两侧空间收放自如，远处的画面犹如泼墨写意之境**

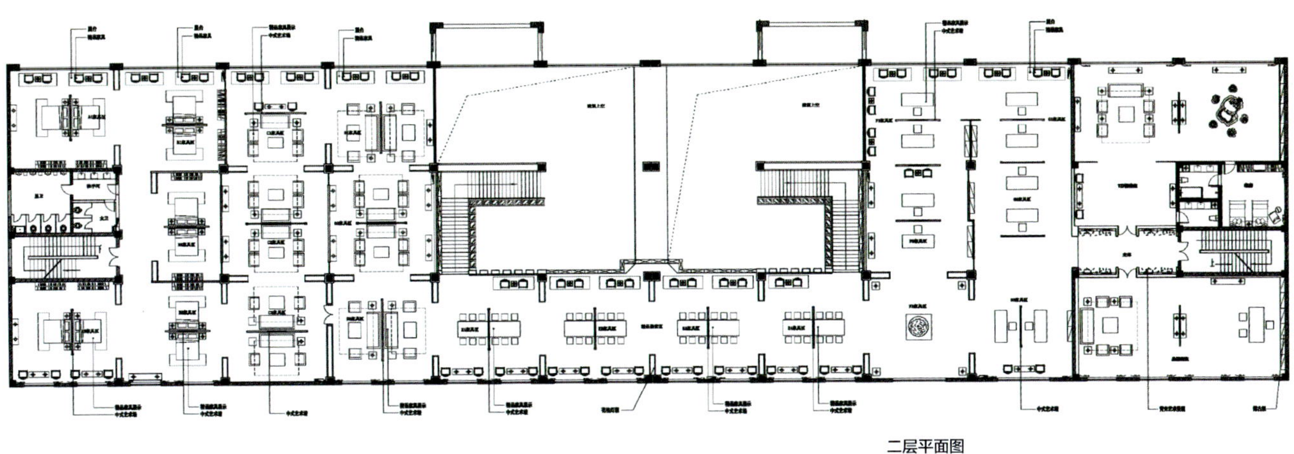

二层平面图

体验馆大厅楼梯处 | **发光的背景让楼梯轻盈起来，走在踏步上让人感觉到向“上”的力量**

零售商业类
银奖

科勒厨房专卖店

项目地点：上海凯旋路
设计单位：佛山墨象设计顾问有限公司
设计主创：梁宇曦
项目面积：400 ㎡
摄　　影：吴永长

形象展示区

项目位于上海重要的建材商业区凯旋路上，面积约 400 ㎡，周边都是一线的国际建材品牌。

科勒厨房品牌店由两个临街的两层商铺组成，重点考虑的是左右两铺及上下两层的关系，设计是一种人为环境的创造，为能在店内穿行于不重复的厨房工作生活方式体验，空间规划用前庭高台和增加楼梯方式体现空间的乐趣。

品牌建设一直是商业展示的重点，国际品牌更重视的是自身的历史和理念，因此品牌设计时我们就侧重于体现美国更自由的生活方式，手法上相比国内企业的合作，科勒厨房给予设计者的更大空间。

项目得以顺利完成，有赖于科勒厨房设计部及相关团队的配合与支持。

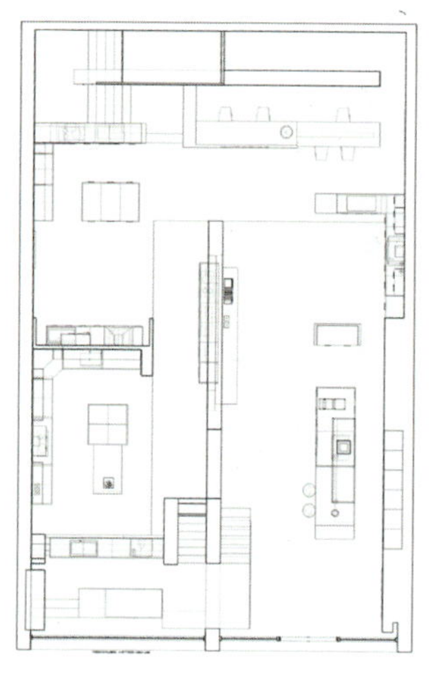

一层平面图

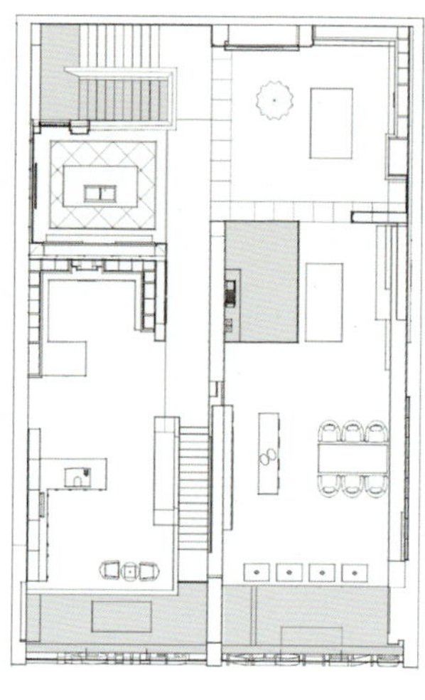

二层平面图

厨具展示区

二层空间

二层楼梯俯视

二层空间

一层空间展示

汉诺威

项目地址：浙江省海宁市
设计单位：上海泛文装饰设计工程有限公司
设计主创：蒋华建
项目面积：480 ㎡
竣工日期：2012 年 11 月
主要材料：素水泥环氧树脂　不锈钢圆管　陶粒　钢丝网　自然实木等。

展示厅

汉诺威是一家专注高档男女皮衣的高端成熟品牌公司，公司原有空间为毛坯待租状态。受业主方的委托对生活馆空间规划为高端的皮衣展示生活馆。

整个空间被设计师规划为橱窗展示区、展示陈列大厅、休闲区、水吧及男女皮衣展示区，设计师采用大块面清水木饰面与金属曲线型钢管架穿插对比，木饰面与陶粒钢丝网虚实相间与皮质产品产生强烈对比，通过灵动的曲线和曲面造型再结合富有韵味的家具和道具展示，以及利用一些特殊的灯光效果使皮衣更具高档的质感，让整个空间更具活力和无限延伸成长的生命力。

生活馆不仅拥有灵活生动的空间感觉，在建材的选择上更加关注的是环保和新型材料的使用，简言之，设计师更致力于打造的是一个充满活力和生命力的完美空间。

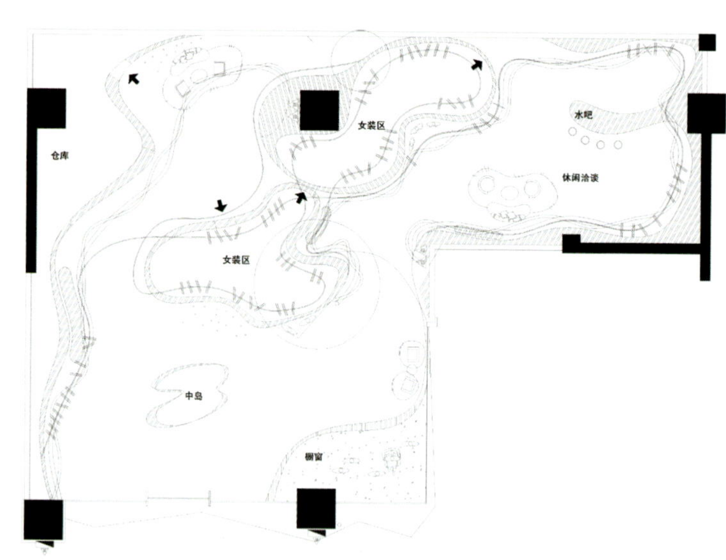

平面图

门头效果

男装展示区

女装展示区

展示陈列大厅

水吧休息区

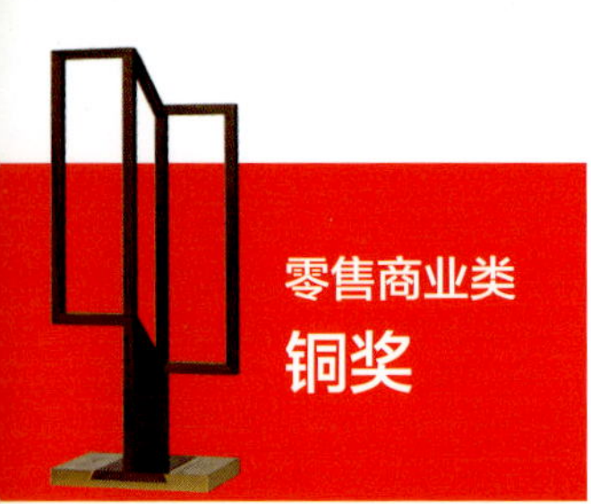

零售商业类
铜奖

宇洋中央金座

项目地址：福建省福州市台江区
设计单位：福建国广一叶建筑装饰设计工程有限公司
设计主创：何华武　龚志强
设计团队：吴凤珍　蔡秋娇　杨尚炜
竣工时间：2012 年 11 月
项目面积：700 ㎡
主要材料：月亮谷大理石　中国黑大理石
人造石　氟碳金属漆

前厅接待台角度

“内构”作为一种前沿的室内设计理念，由室外的建筑规划不断地引进室内，已成为室内构成的规划设计。本案将运用城市的规划，用于室内动能的划分，使不同形状的建筑通过道路贯穿相连在矩形、正方形、三角形和圆形等最基本的几何体基础上进行设计。为避免不相关的元素和系统的简单并置，运用了石材、金属漆与金刚板的材质碰撞，使其整体的线条干净利落、华而不俗、冷暖结合运用的恰到好处，所有元素和功能组织成为密不可分的整体，呈现出互相辉映的关联性。

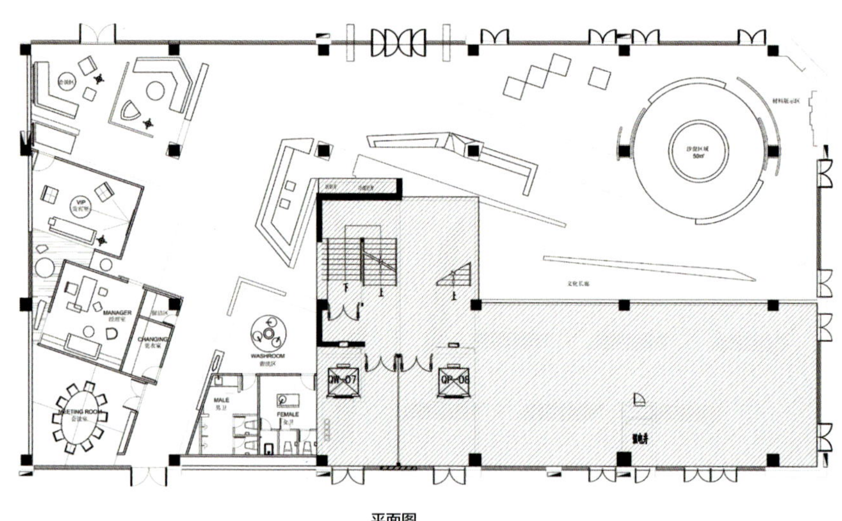

平面图

接待台角度

过道

用简单、干净的白色来设计前台，一进门在吊顶的引导下，可以让顾客一眼看到前台，而在背景的衬托下，前台显得整洁、干净，给顾客一种强烈的视觉冲击。沙盘的部分设计师巧妙地运用中国黑大理石，营造出一种安静、庄严的感觉，顾客在观赏的时候也会心境平和地听解说员介绍。此外，其他部分为暖色，熟练地运用灯带提升温馨感，因为在观赏完沙盘后，更多的顾客会选择在洽谈区向解说员详细了解，所以温暖的黄色让洽谈不会那么拘束，这样的环境可以让顾客、员工心情舒畅，成交的几率也会大大提升。

用自身体会去用心设计了宇洋金座，这样的售楼部突破了以往的花俏，更多的是实用性，而在实用性的同时，也不破坏整体的美感。在这样的环境下，顾客在买楼的同时，也不失为是一种享受。

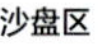

沙盘区

水吧区

水吧区

广州纺织博览中心商铺

项目地点：广东省广州市
设计单位：柏舍励创 · 5+2 设计
设计时间：2012 年 9 月
开放时间：2013 年 3 月
项目面积：310 ㎡
主要材料：亚克力　玻璃　有机片　LED 灯

前台

本案为纺织博览中心的店铺设计。在如今竞争激烈的世界里，清晰、明确和独特的空间特征设计将成为提高品牌竞争力的重要工具。

大厅中央为布艺的展示台，天花一直延续到立面，用布匹与玻璃划割出空间。天花的变化运用了不同质感的材料进行有序组合，给人带来完全不同的视觉感受。整个空间约有 6m 高，针对不同的布料、款式，使用较高功率的 LED 灯，从而产生清晰的色彩，很好地强调了展示物品的立体质量，制造引人注目的商店场景。一个个装置感很强的展架，令产品可以随意组合。布匹展示板的设计布匹悬挂其中，又为空间增添了些许跳跃的气氛。

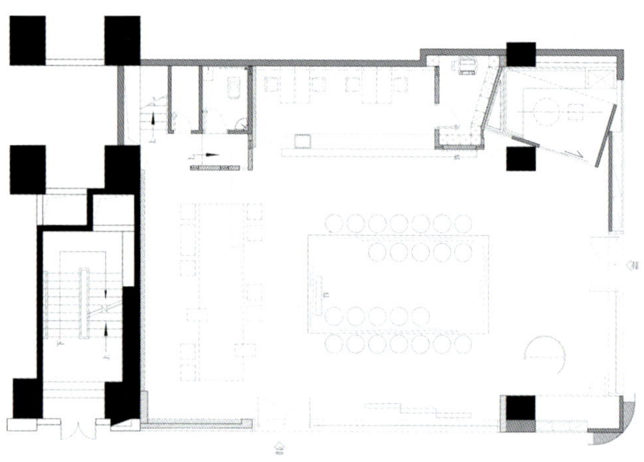
一层平面图

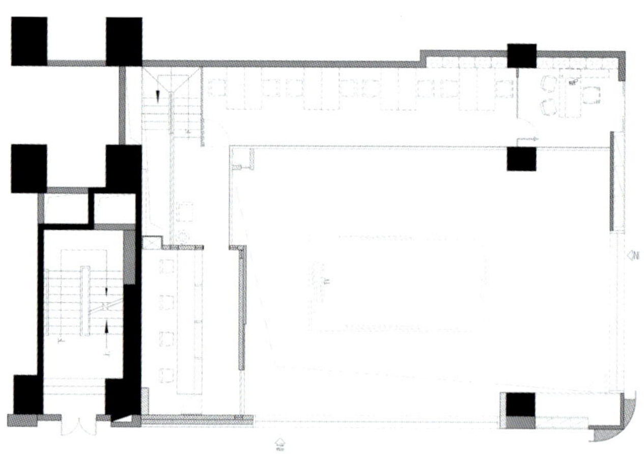
二层平面图

洽谈区

展示区 | **不同质感的材料之间的有序组合，给人带来完全不同的视觉感受**

展示区

办公类

金奖

Office box

项目地址：南京万达广场 5A 级写字楼
设计单位：南京登胜空间设计有限公司
设计主创：陶胜
设计团队：徐青华　单婷婷
设计时间：2012 年 12 月
竣工时间：2013 年 7 月
项目面积：250 ㎡

前台接待区

本项目在将空间价值最大化的同时，设计师更愿意给空间的使用者带来全新的空间感受和使用体验。

盒子，一个简单的元素。但在这里，它却是最大的价值体现者。封闭的盒子组合成两条不规则的过道，串联起每一个功能区。会议室采用大面积透明玻璃隔墙，显得通透且敞亮。整个空间以白色调为主，这与公司的文化保持一致，也与木色地板整包的“盒子”相得益彰。灯光，在满足照明的情况下，每盏灯都像是一颗随意丢出的石子，随意而不刻意。总之整个设计没有循规蹈矩，既满足了办公需要，又令使用者可以在里面愉悦地工作。

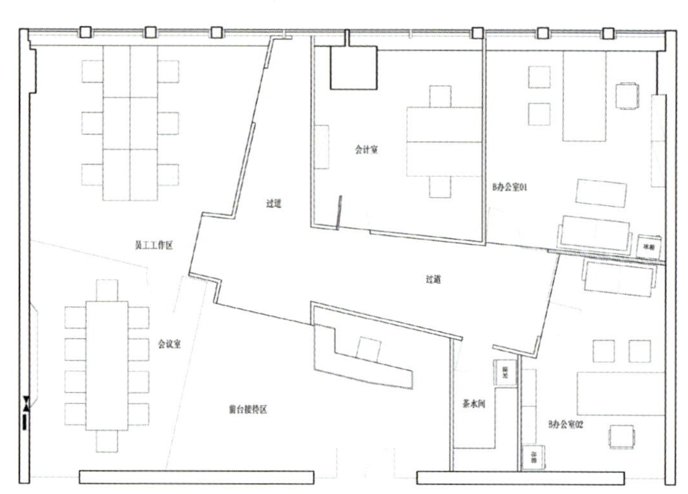

平面图

过道

过道

前台接待区

员工工作区

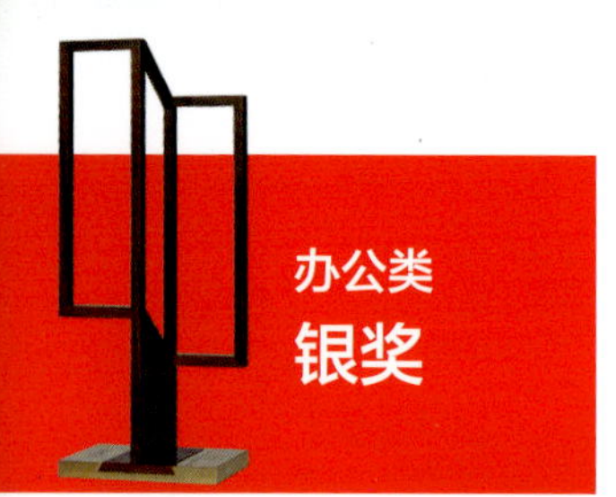

办公类
银奖

国誉家具商贸上海旗舰展厅

设计单位：国誉家具商贸（上海）有限公司
设计主创：佐藤航
设计团队：泽田直计　王锐

前台大厅

展厅的设计概念是“层”。

业主是有着百年历史的企业，发展至今其在技术、制造以及设计上精益求精的精神，不断推陈出新的产品以及今后的持续发展理念，都在各个“层”中得以体现。

对于各种各样“层”的设计理念，不仅仅体现了产品塔的规格，还包括制造业最基本的思想和创造精神的多角度体现。

从“层”的概念里，衍生了此展厅空间最大的特征——高低差。通过高低错落，可以360。的看到产品以及展厅内的活动。因此，那些容易被忽略却很用心的细节都可以全方位地被参观者体验到。另外，高低差的特征，也可以创造一种以树林和山丘为主题进行设计。利用先进的现代技术来突出空间特征，创造出能够唤起情感的体验型空间。

总的说来，“层”不仅仅表现了制造的历史、技术等的领域，还通过不同高低差，自然的、多角度的传达该业主的思想理念及创造精神。

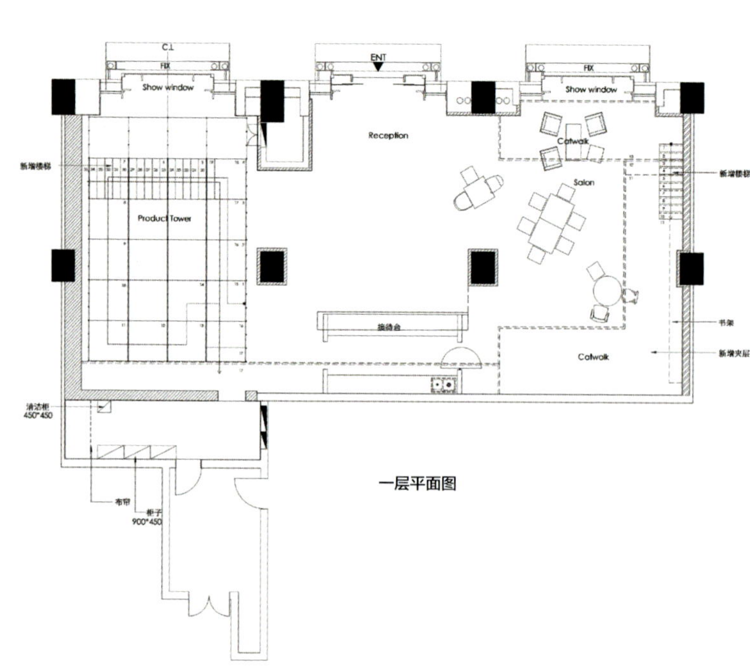

一层平面图

一层沙龙区域

防火卷帘
C.L
Product Tower
Presentation room
Design center
Mock up room
Recycle room
Stock yard
Product SR
VIP room
Live office
通路

一层平面图

外立面

KOKUYO
KOKUYO
KOKUYO

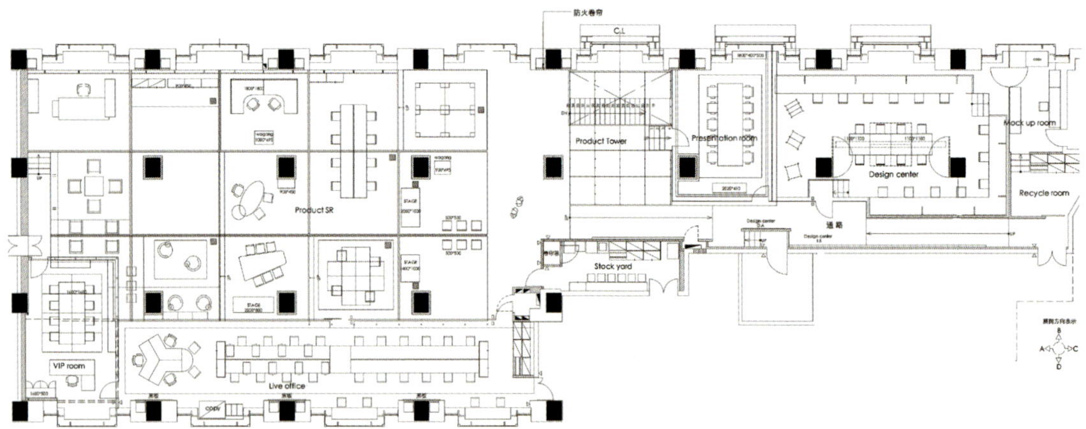

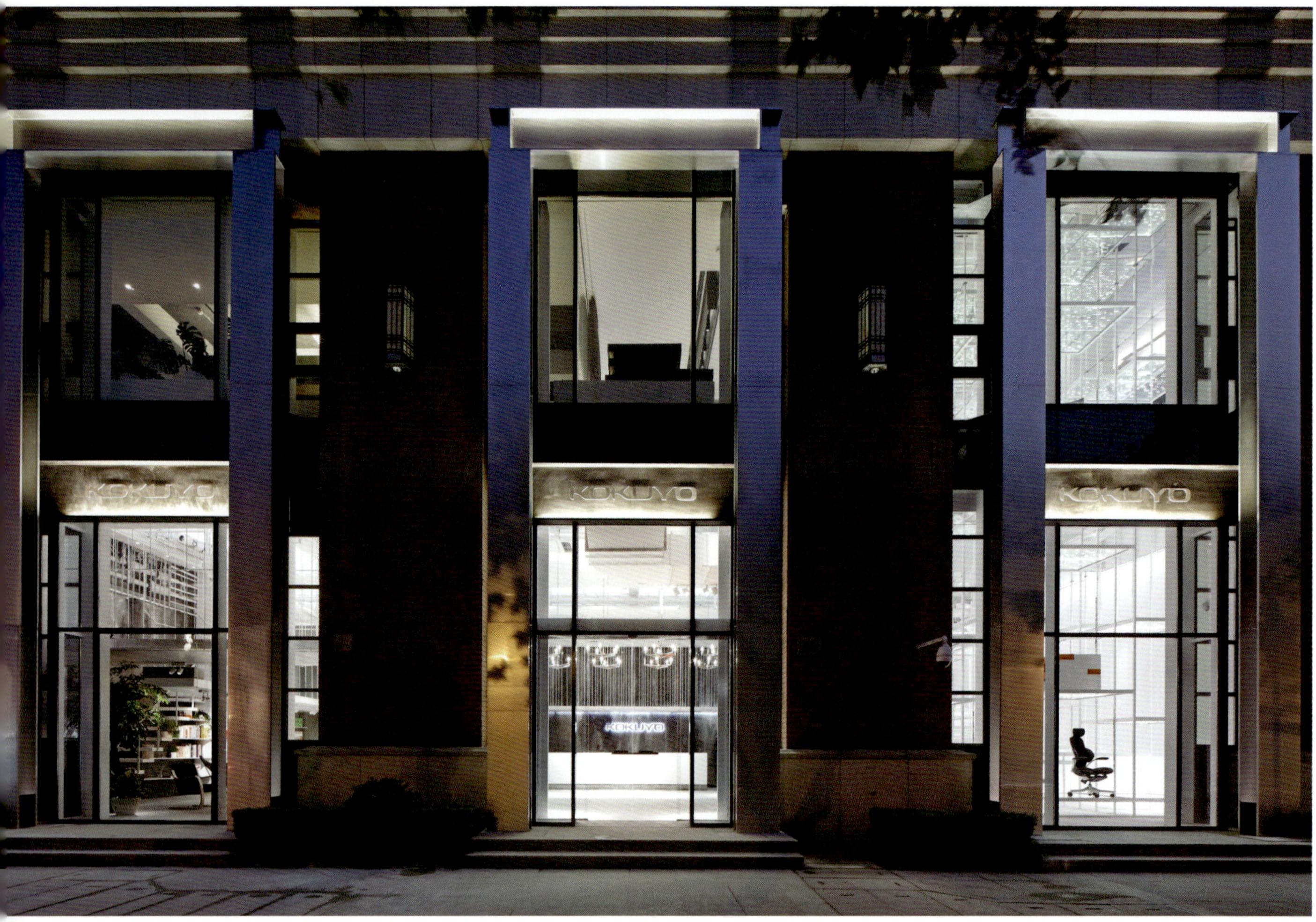

设计中心

可视化办公室

办公类
银奖

BY office
——阅读空间

项目地址：广东省佛山市
设计单位：杨铭斌设计事业有限公司
设计主创：杨铭斌
设计团队：杨铭斌设计事业有限公司——室内设计团队
设计时间：2013 年 4 ~ 5 月
竣工时间：2013 年 8 月
项目面积：180 ㎡
主要材料：木饰面板材　白色胶胶漆　清玻璃　木地板　墙纸

会议区

空间与艺术的某个部分，
支撑了这个场域的精神，
让整体呈现一种艺术气质的静谧空间。

空间是容纳生活的器具，
艺术是凝聚生活的感动，
每件艺术作品，
都有其适合的空间居所，
空间与艺术，
二者之间相互对话互动，
隐藏着一种阅读空间的顺序。

会议区以一个盒子为造型，与办公区形成分隔空间，使方正空间更具层次感。整个室内空间，更以一个铁架书柜作为主要功能空间的分隔线，使总设计师房间既空间享受独立的工作空间，又形成空间的互连关系，使之存在着一种密切的沟通关系，这对办公空间来说是非常重要的。

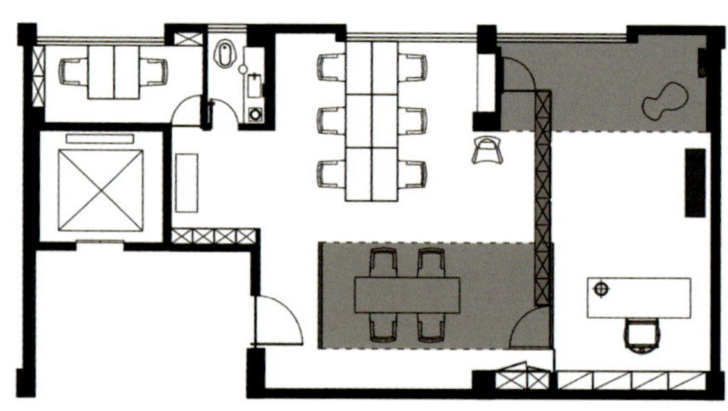
平面图

办公区与会议区

总设计师工作区

总设计师工作区通道

书架

灵·静·乐

——志造空间

项目地址：陕西省西安市
设计单位：陕西鹏涛室内设计有限公司
设计主创：张涛　景金鹏
设计团队：梁豪　苏雅拉图
设计时间：2012 年 10 月
开放时间：2013 年 1 月
项目面积：320 ㎡
主要材料：ICI　黑白根石材　爵士白石材　黑色流水石
　　　　　黑亚光钢材　水曲柳饰面　玻璃　环氧树脂地坪等
摄　　影：吴永长

设计灵感来源于对空间色彩的对比，以及对材料本身所具有的质感形成矛盾的反差，寻找一种心灵的宁静，从而使人能体会到空间和视觉所带来的放松愉悦感受。设计之初，设计师首先根据建筑本身所具有的的 5.2m 的高度将空间分为上下两层，然后根据办公室所需功能进行合理的空间划分。大门入口处保留了原有建筑的高度，利用简约手法营造出“空间里的空间”，利用黑色粗犷的流水石作为主墙面的装饰，再用白色细腻爵士白石材作为休息台面的装饰，两种材料形成强烈反差，与前台石材交相呼应。连接上下两层的旋转楼梯更是空间的亮点，利用稳定结实的钢材作为基层，黑白色大理石作为踏步材料，水曲柳饰面板为扶手装饰材料，浑然一体。楼梯旁的金属钢条装饰架更是巧妙将地上下两层贯穿一起。简洁、干练的线条让多变的空间富有张力和活力。办公区域设计中吸取了中国传统庭院以及建筑中广泛使用的“层层延伸，移步景移”的设计精髓，采用大胆而简约的手法，对传统元素进行创新演绎，利用钢化玻璃材料对每个空间“借光”，强调横竖线条的微妙层次和几何对称，一个突然的转折、切面、开窗等情境关系引入室内。加上材料本身质感的对比，提升空间的品质，使人能体会到空间和视觉所带来的愉悦感受。

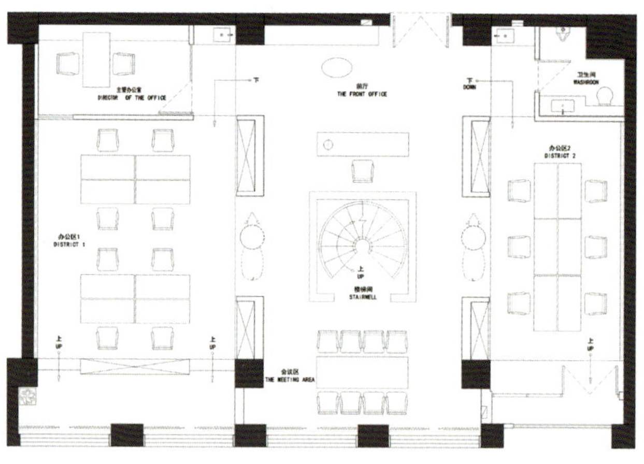

一层平面图

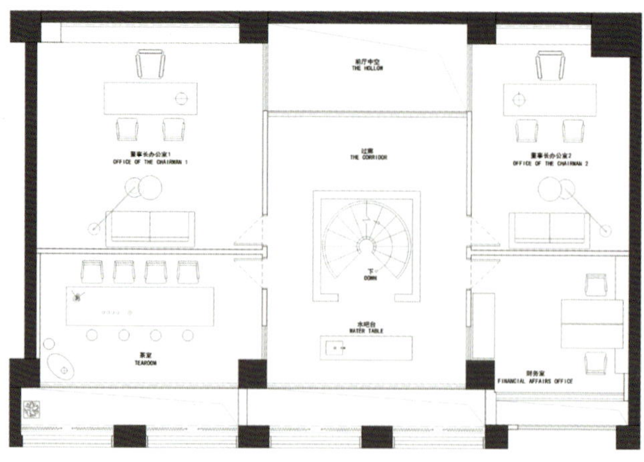

二层平面图

前厅视角

办公区 1

办公区 2

办公区 3

前厅

办公类
铜奖

Samlee office

项目地点：广州市天河区珠江新城领峰大厦 A2 栋 2001–2003
设计单位：锐意（广州）设计有限公司 & 共和都市（香港）
设计主创：黄永才 蔡立东
设计团队：蔡立东
竣工时间：2012 年 11 月
项目面积：480 ㎡
主要材料：水曲柳木饰面板 强化复合木地板 超清玻璃 砂面不锈钢
摄　　影：肖茂权

总台

Samlee office 主张去繁从简的东方美学工作方式，符合了高速发展的城市消费模式，在信息高度运转的当下社会，本案诠释了城市群体与工作互动以及个体间的关系：动与静，透明叠加，渗透留白的暧昧关系。

本案是从城市新陈代谢的极简主义引申的结果，其核心的“动线”如蜿蜒的河流，人“流淌”于“动线”，“正契合“起，承，转，合”之东方美学。曲折蜿蜒的“动线”贯穿整个功能与形式，其余部分“留白”，折线与三角形的透明、叠加、渗透模糊了空间界限关系，与人流动的时间形成四维上的对话从而形成二元辩证关系。

在空间布局上其核心是贯穿原建筑 3 个单位的“动线”，把公共空间、敞开的办公室区域到半封闭的办公空间有机组合一起，打破原有的呆板空间布局。由动至静，人随着动线与立面折线的叠加移动在此过程中形成空间的暧昧性和故事性。

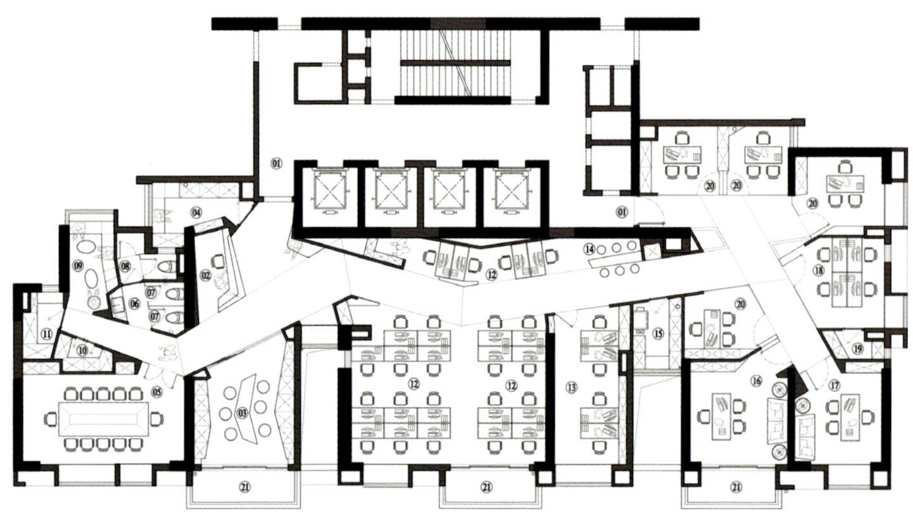
平面图

通往总经理办公室过道

会议室通道

通往办公区过道

短暂等候区

GuangZhou SamLee Enterprise Co.,Ltd.

入口

洗手间与会议室过道

吧台与过道

办公类
铜奖

办公空间的光影魔术

项目地址：福建省福州市
设计单位：福州东道建筑装饰设计有限公司
设计主创：李川道
设计团队：郑新峰　梁锦华　张海萍　杨英
软装设计：陈立惠
建筑面积：300 ㎡
设计时间：2013 年 03 月
开放时间：2013 年 06 月
主要材料：定制成品白色造型烤漆板　电镀玫瑰金　黑金龙石材
大花白石材　深咖啡麻布硬包　艺术墙纸　桔色麻布软包沙发

前台

对设计者而言，作品最成功的地方莫过于在可以满足其功能的情况下超越功能本身，充分发挥想象把视觉和感官完美结合，让置身其中的人浑然忘我。本案是东道设计的设计师以对其办公空间的改造，坚持以人为本的价值核心，光影呈现出教科书般的魔幻效果。

在现代化的装饰手法背后，整个办公空间弥漫着深深的人文气息。会议室里桌椅、立柜、墙面皆采用天然材料，素朴的原色木材线条简洁，加上浅灰色的地毯，这个制造创意的办公室带给人舒服柔软的感觉。利用镜面将小型的空间放大是惯用的手法，对设计而言超越常规才是成功。楼梯本身的块状拼接、立体的吊灯、平面墙面装饰……设计师对立体几何和光影特性的娴熟掌握给这个令人舒展的大环境带来妙不可言的感受。

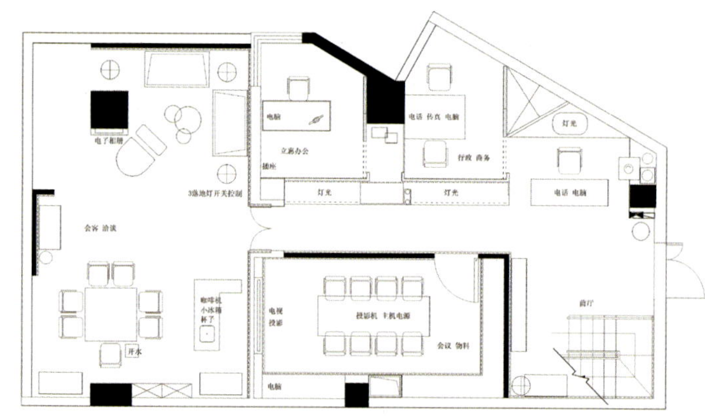
一层平面图

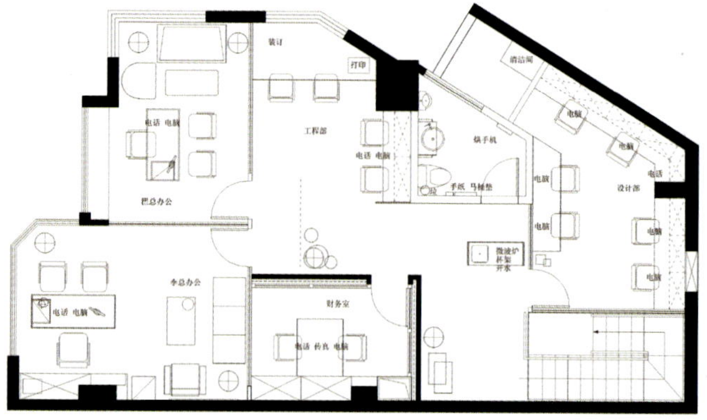
二层平面图

楼梯

一层过道

前台

二楼办公室

二楼过道

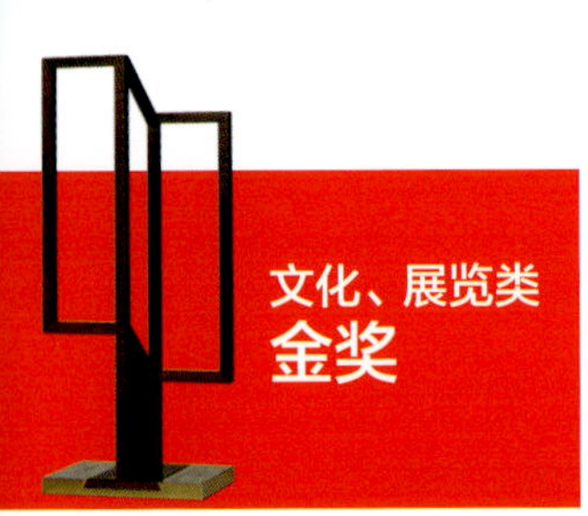

北京外国语大学图书馆改扩建

项目地址：北京
设计单位：中国建筑设计研究院 环艺院 室内所
设计主创：刘烨 饶劢
设计团队：张晔 郭林 马盟雪 纪岩

图书馆入口门厅 | **入口的网格式嵌入体像树林般对内外空间起到了过滤的作用，梁柱中的端口、点位为图书馆未来发展，增加设备、改进管理方式预留了可能性**

学校图书馆的改扩建，设计保留了老建筑的梁、柱、框架结构，突出了结构的框架构成感，在老的框架中嵌入新的功能，营造古朴安静的阅读气氛。

核心部分为有着充分自然采光的高大空间，被改造为层层叠退的五层共享，开放式的大楼梯连接起了每一层的藏阅空间。

“书山有路光为径”，在此案设计中，我们尝试使光成为空间中的主角，规划自然光与人工照明，或明朗、或静谧。根据不同区域的使用要求对光线进行配置。面向共享和屋顶庭院设置阅读桌，充分利用自然光线，阅读区桌面设置直接照明，而顶面成为漫反射的载体，提供了均匀而安静的空间氛围。

共享空间

藏书阅读区

共享空间｜**老建筑的单调共享被改造为了层层叠退的"书山"在洒满阳光的中庭拾级而上，随手拿起一本书坐下小憩，人的活动在这里成为一道安静的风景**

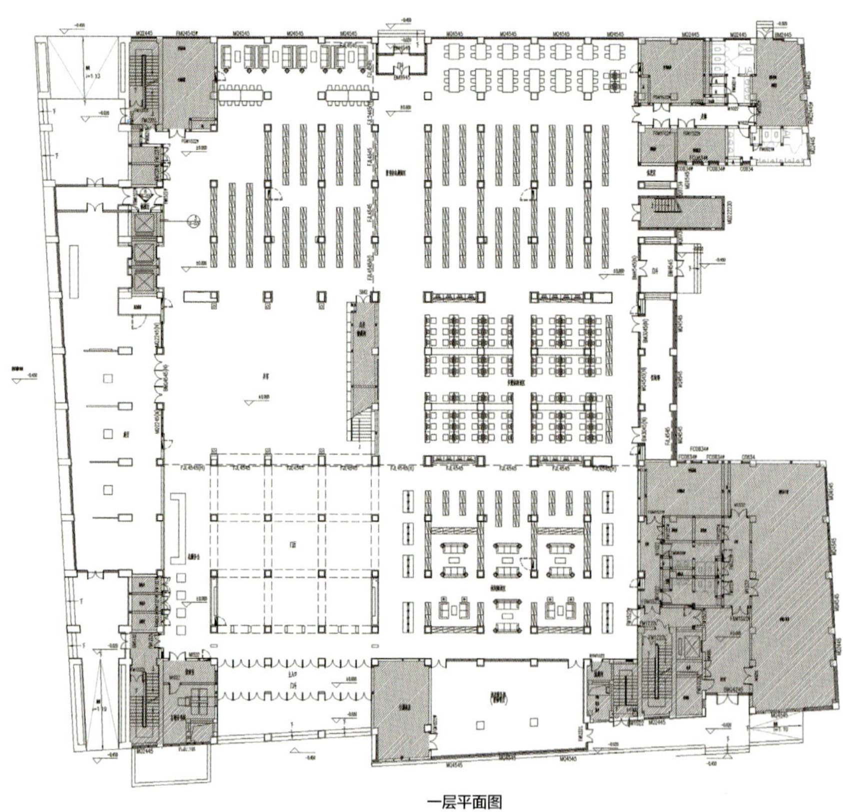

一层平面图

共享空间

阅读区 | 通过对阅读桌的设计，桌面设置的照明一部分成为阅读的直接照明，一部分向上投射让顶面成为漫反射的载体，提供了均匀而安静的空间氛围

文化、展览类
银奖

寻梦达沃斯

——大连国际际会议中心室内设计

项目地址：辽宁省大连市东港
建筑设计：奥地利蓝天组事务所 Coop-Himmelblau、
大连市建筑设计研究院有限公司
室内设计：J&A 姜峰室内设计公司
设计主创：姜峰
设计团队：陈文韬　覃钢
设计时间：2009 年至 2011 年
竣工时间：2012 年 12 月
项目面积：92980 ㎡
主要材料：阳极氧化铝板　大理石　STO 聚晶吸音板　可耐福
隔墙系统幕帘　A 级防火软包　剧院座椅等

建筑外观 | **大连国际会议中心面向大海，背倚城市核心，行云流水般的建筑形态回应着海的召唤。**

大连新地标——大连国际会议中心正是对解构主义的最新充分诠释，其恢弘的室内空间、多元化的功能组合，塑造了建筑领域新的标志。它汇聚了当今建筑界最好的构思，是目前国内外建筑设计领域的新风向标，几乎所有世界上最环保的技术都能在这里体现。整个建筑由“解构主义”的代表蓝天组（CoopHimmelblau）完成。J&A 姜峰室内设计公司有幸参与其中的室内设计部分，从满足室内与建筑、室内与周边达到高度协调的平衡状态出发，整体协作，把握全局，以呼应建筑主体的“解构主义”风格特征进行设计。

设计构思是由大连的海引发灵感，通过模拟分析海水的形状，波浪的动感，最终将其幻化成大连国际会议中心的外形。我们进行室内设计的时候也将这种流线扭曲的造型引入室内，通过流畅的曲线造型来呼应和延续整个建筑的外形设计，从而由内而外的散发出一种设计的张力和美感。

一层公共大厅天花采用灰色金属板，配合立体几何造型灯具；地面运用灰色石材，加上墙面的灰色金属板，从颜色和材质质感上延续了建筑室外的元素，且地面石材由光面和亚光面组成带状图案，从室内一直延伸到室外广场，巧妙地将广场、建筑、室内空间连接在一起。

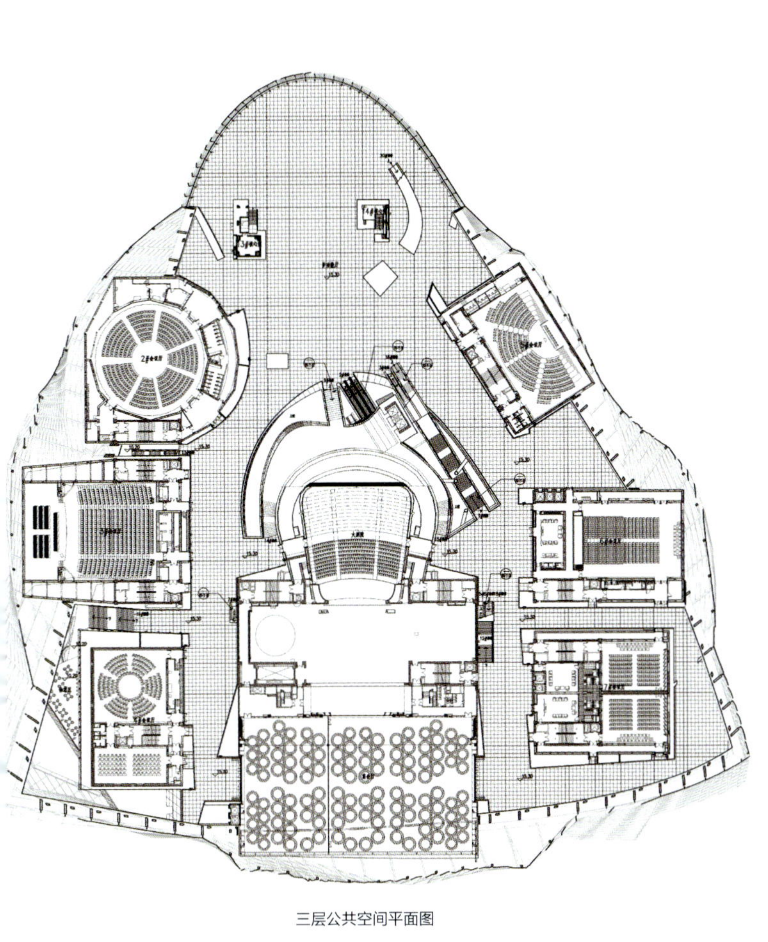

三层公共空间平面图

三层共享大厅

三层共享大厅 | 双曲面的金属板造型将建筑外形风格浓缩入室内

三层共享大厅天花穹顶整体采用灰色穿孔金属板，起到了很好的吸声作用。部分区域天花设置有透光窗，阳光可以照进大厅。透光窗内侧为金色金属板，配合不同时段的光照会产生不同的效果。大厅墙面运用灰色金属板，双曲面的造型巧妙地将建筑外形风格浓缩入室内，让整个空间流动起来，连廊和连桥穿梭其间。

大剧院设有四层观众席，共 1600 余个座位，设计了海浪造型的拦河、章鱼触手造型的声学扩散体、云朵造型的屋顶反声板与墙面上气泡造型的穿孔金属板、珊瑚红的座椅交相辉映，唤起观众对海洋的无限遐想。

达沃斯宴会厅地面采用灰色石材，墙面使用灰色金属板，后墙面是整体通透的玻璃幕墙，在天花黑色金属格栅吊顶之下，层层叠叠布置着大小不一形状各异的浮云面板，烘托出宴会空间的别致和典雅，也契合了蓝天组“造云”的设计理念。

另外，中会议厅上方天花的灯带也集成了多种使用功能，除了普通照明外，还附设了风口、舞台轨道灯等。普通照明包括 T5 灯管、卤素灯等等，线光源和点光源的完美结合满足不同情景模式。风口上方设置有静压箱，将出风时产生的振动对灯具的影响降到了最低。天花两侧靠近墙体的位置还预留了轨道，必要时可以根据具体场合增加洗墙灯或悬挂条幅。灯具简洁、雅致的外观很好地衬托和营造出了会议厅肃穆、庄严的气氛。

大连国际会议中心的设计非常注重空间，强调建筑在城市中的位置与变化是设计的一个出发点。这样一幢充满未来主义气息的庞大异型建筑，对设计图纸的表达来说是一项艰巨、充满挑战的任务。仅用二维的图纸无法描述详尽，只有借助犀牛三维模型，才能实现室内设计与原建筑构思的紧密结合，也唯有通过犀牛三维模型才可以清楚地进行跨专业的交流。这在国内室内设计领域也开创了先河。

三层共享大厅 | **流线的造型让整个空间充满了韵律感**

三层共享大厅透光天窗

青年领军者厅

文化、展览类
银奖

昆山文化艺术中心

设计单位：中国建筑设计研究院 环艺院 室内所
设计主创：张晔 纪岩
设计团队：饶劢 盛燕 马盟雪 郭林 韩文文 刘烨

艺术展厅

昆山文化艺术中心分为演艺中心和影院两部分。建筑语言大气疏朗，伸展舞动，取江南山水舒展之型，得昆曲高阶典雅之意。

室内空间延续了建筑语言，以水袖为贯穿空间的主题。水袖是昆曲非常重要的一部分，是昆曲的延伸，随着婉转的唱腔和笛音，缠绵牵引于其间。从伸展疏朗的建筑外部步入室内空间，连贯的线条或缠绕、或飘散、或叠压，将一个个功能空间若隐若现并连续地呈现出来，功能明确的核心“筒木饰面”坚实温暖，外侧缠绕表面的白色飘带，好似清晰平滑旋律地伸展弥漫，渗透到空间中的每一个角落，空旷的画面上渐渐生气流动。

空间中的色彩减少调性，将视觉空间腾出，随着观众的移动，各个空间——或剧场或会议，在清雅的场景中慢慢呈现，达到曲调中一个又一个的精彩。舞动的飘带呈现了水乡悠远连绵的势态，飘带上疏密有致的光晕又生动细腻了画面：远望之，以取其势，线条间气韵贯通，连绵不断，似远山，似水巷，似舞袖；近观之，以取其质，点点光晕，像薄雾中水岸上的灯光，像雨中蕉叶上的水珠，像舞台上闪亮的珠光。观众在空间中漫步，犹如眼前展开了一幅幅流动的画卷，在画卷中，可以感受到水岸的曲折，水袖的舞动，江南丝竹的轻灵。

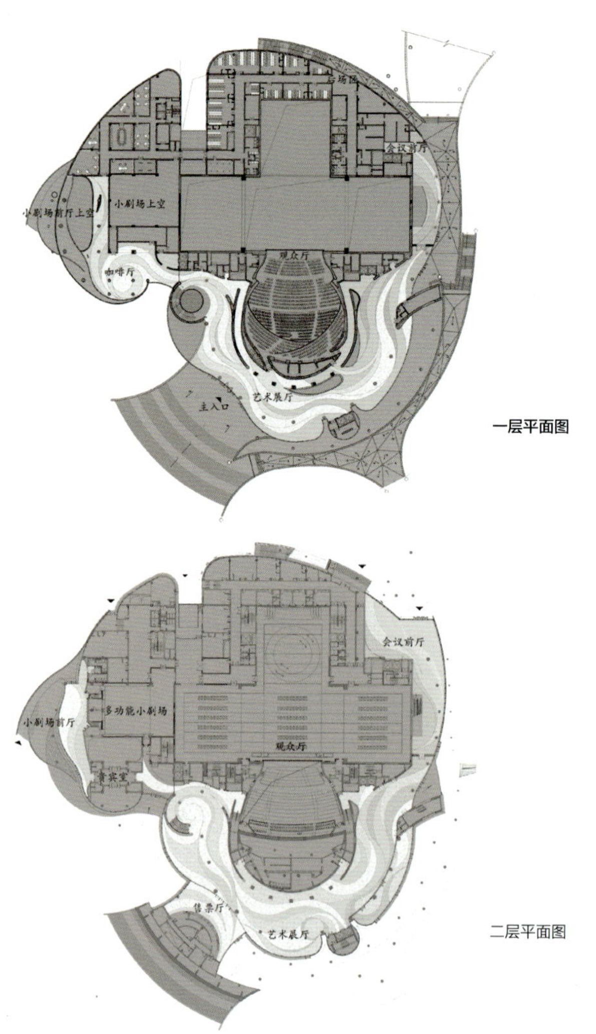

一层平面图

二层平面图

艺术展厅｜**核心筒木饰面坚实温暖，外侧缠绕表面的白色飘带，好似清晰平滑旋律地伸展弥漫**

艺术展厅二层共享空间 | **错落的飘带与其后的木质回廊交相掩映**

艺术展厅旋转楼梯 | **飘带上疏密有致的光晕生动细腻**

外景

艺术展厅

书院之相 人文之实

——同济大学闻学堂设计

项目地址：上海市同济大学
设计单位：同济大学建筑城规学院
设计主创：左琰

瓷器区

中国传统的书院教育讲究“道器并重”，以求索个人的生活理想与人类的文化价值为其精神目标，虽经千年的历史演变，其本质乃是人文精神，挖掘、倡导书院的人文精神并融入现行教育体制是本案空间实践的根本诉求。

朴实、沉静、清雅的书院气质是本案空间所追求的。与传统书院的讲学、藏书和祭祀功能相仿，本案以开架阅览为主，购置国学新书 4000 余册，辅以展览、讲学和研讨等用途，在不到 500 平方米的场地里形成了一个多层次的功能复合体。门厅的设置使得大门与展厅之间形成了书院建筑中常见的中轴线关系，让进入行为变得有仪式感，处于空间转角处的瓷器厅和茶艺区由虚实隔断围合而成，尺度宜人，连续凸窗被转化成一个个临窗休闲阅读角，成为学生的最爱。

为营造自由宽松的学习环境，本案设置了一般阅读、休闲阅读、多人研讨及讲学活动等多种学习模式，家具选用北方榆木制作，以一体化设计为原则，除了部分仿明式做法外，其他大部分家具均为本案设计定制。素雅稳重、注重机能性成为闻学堂家具的主要特色，如每个中式翘头阅览桌配备了两个电源插座盒以便于学生使用。

由于使用主体为年轻学生，风格营造上并非全盘复古，而是在其间注入了一些时尚元素，如研讨区的红色圆形沙发舒适而有活力，讲座区也一改常规讲堂的格局，借鉴了传统书场和戏院的观演模式，布置了可灵活搬动的六边形桌子和仿明式翘头凳，可承接 50 人以下的文化沙龙活动，也契合了传统文化与时俱进的时代需求。

讲座区

研讨区

茶艺区

展览区

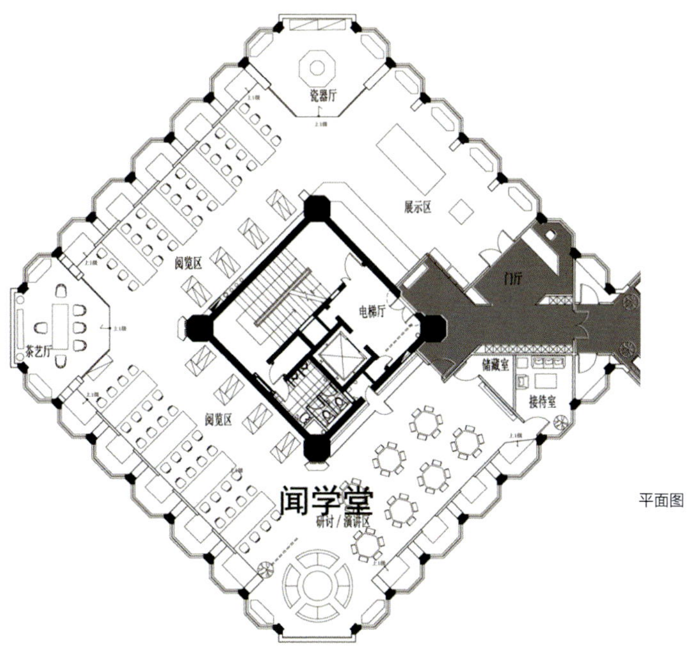

平面图

阅览区

昆山文化艺术中心保利院线室内设计

项目地址：江苏省昆山市
设计单位：中国建筑设计研究院
设计主创：张明杰　张晔
设计团队：邸士武　江鹏　张然　王默涵　李毅　许丽伟　饶劢　纪岩
郭林　刘烨　韩文文　马萌雪　顾大海　刘露蕊
设计时间：2012 年
项目面积：7600 ㎡
主要材料：陶板　GRG　木丝板　黑色石材　地毯　丝网印玻璃等

昆山影视共享（夜景）

影视中心属于整个昆山文化艺术中心，其特有的空间形态与经营对象决定了整个室内空间既要延续建筑外部空间特点，适当体现地域文化，更重要是创造出符合影城特点的商业气氛。水珠与流水的形态最能体现江南水乡温婉含蓄的特质，其弧线造型时尚、动感。

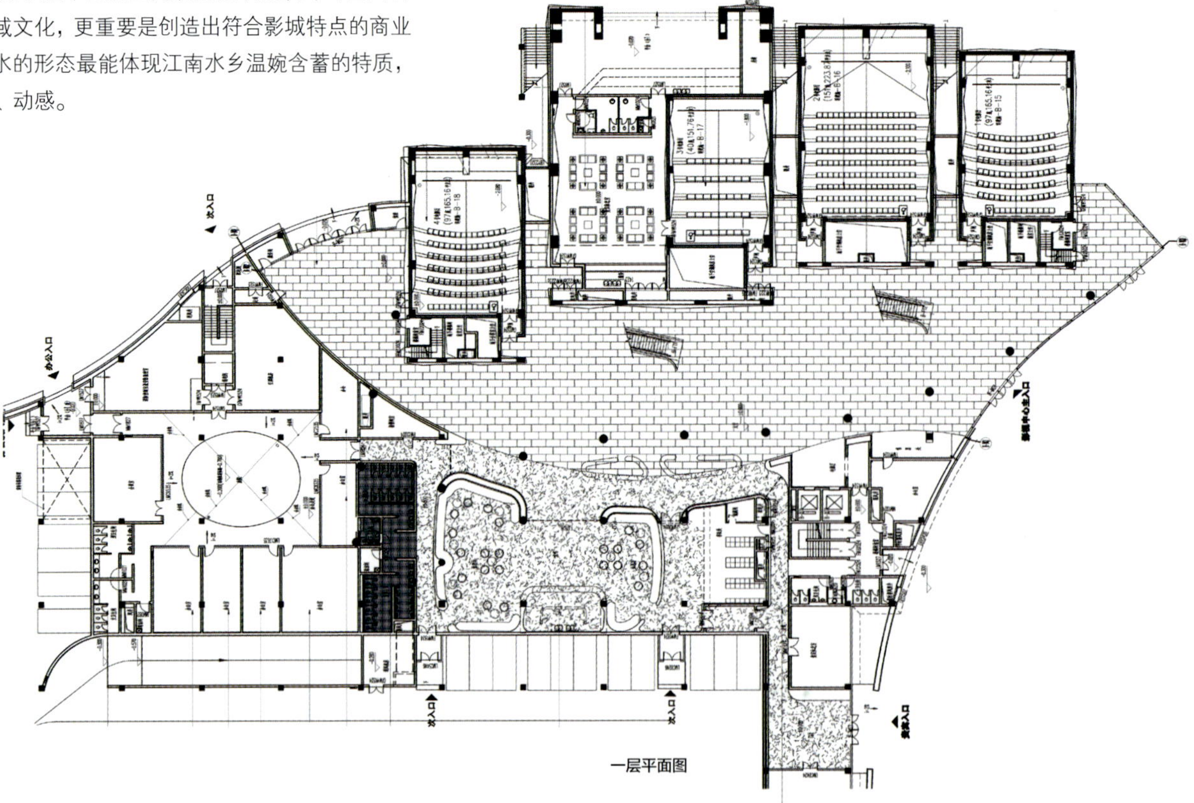

一层平面图

昆山影视共享（夜景）

imax 影院

imax 影院

影视共享（日景）

影视共享（日景）

电梯局部

文化、展览类
铜奖

成都东郊记忆演艺中心

项目地址：四川省成都市成华区建设南支路4号
设计单位：四川创视达建筑装饰设计有限公司
设计主创：张灿 李文婷
主要材料：钢板（原板及绣板）水泥 钢网（原网和锈网） 马来漆

接待大厅

成都东郊，在五六十年代，聚集着成都的各种工业企业和厂矿，虽然大多是以轻工业和电子产品为主的企业，但却都是西部地区有名的大企业。改革开放以后随着城市的发展，产业结构的转变，企业的改制等，原来的东郊地区慢慢的从一个工业密集型地区，开始转变为一个城市居住和人民文化生活的地区。

东郊记忆是在原成都红光电子管厂的旧厂区，由成都传媒集团投资，重新打造的以音乐、影视、演艺为主体的大型音乐公园。

而设计的这个项目是在原红光电子管厂的老的生产厂房的基础上设计改建成了东郊记忆演艺中心。

我们的设计是在保留和植入的设计原则下进行的，对建筑空间的保留和实际使用功能相结合，保留原有厂房的精神，不仅能看到现代设计的体现，而且又能体会到原来工业的印记和精神。

我们选择了最简单的材料，希望通过这几个材料来体现和找到对工业的记忆。

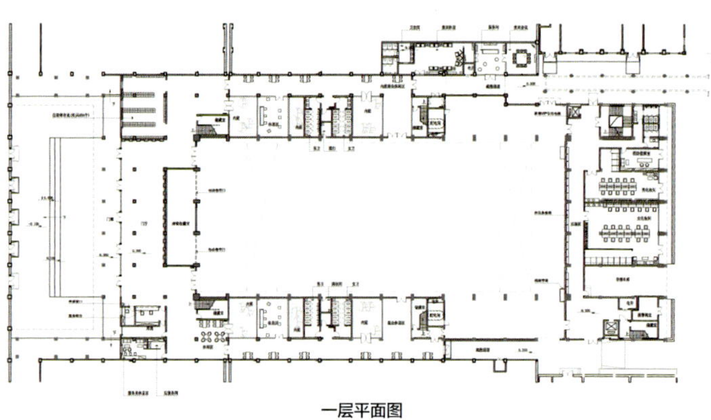

一层平面图

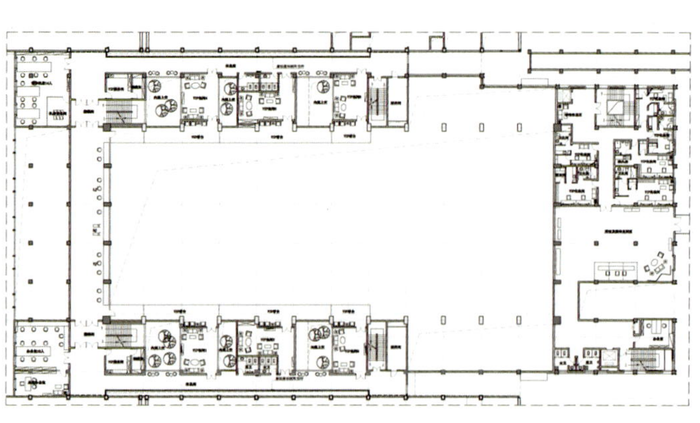

二层平面图

VIP 演员通道长廊

门厅的设计是我们表现的重点部分，天棚的原钢板切出不同的方孔表现工业的切割，而且从厅内一直延续至厅外，把本来相对较窄的大厅扩展出去，有音乐节奏般的点光源灯具也随着钢板顶延伸出去，让整个大厅没有了室内外的视觉界定。

锈板的柱和锈钢网内的 LED 灯光，让那个革命工业时候的轰轰烈烈用抽象的视觉手段演绎出来。室内空间的部分墙面保留着原厂房墙面不太平整的肌理，希望用它的历史语言和我们植入的当代设计语言进行对话。

东郊记忆，旧工业的记忆，在当代生活中，用视觉和听觉去找回我们的记忆……

休息区

观众休息区

内庭过廊

门厅墙面

大同机场新航站楼

项目地址：山西省大同市
设计单位：中国建筑设计研究院
设计主创：张明杰 邸士武
设计团队：邸士武 江鹏 张然 王默涵 李毅 许丽伟
设计时间：2012 年
项目面积：7800 ㎡
主要材料：铝板 铝方通 花岗岩 洞石 橡木等

大同机场新航站楼室内设计体现了国际化先进机场的设计理念，风格简约、大气、整体、浑厚，室内设计延续建筑精髓，保证建筑总体造型的通透感，功能布局清晰、合理，凸显交通空间的便捷、高效，同时使机场的标识导引系统一目了然，清晰可见。在现代简洁的国际化风格下，适当体现地域特色，主体材料为米黄色罗马洞石取材于西北地貌肌理，传达出大漠独烟、长河落日的西北气度与豪迈。中性偏暖的基调也营造出温馨的气氛，让旅客有宾至如归的感受。

候机大厅

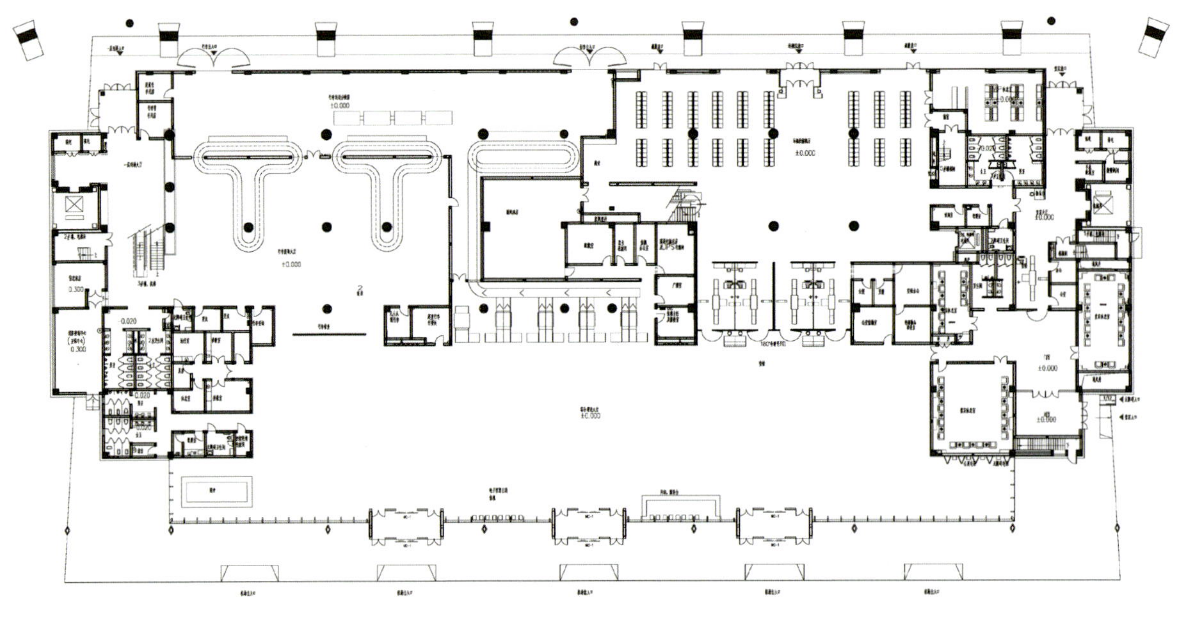
一层平面图

候机大厅

候机大厅

候机大厅

候机大厅

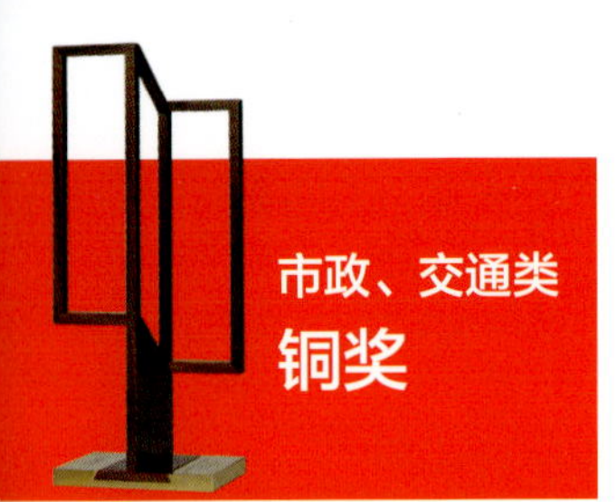

市政、交通类
铜奖

晋江机场

项目地址：福建省泉州市
设计单位：福建天正装修工程有限公司
设计主创：谢崔昀 庄华
项目面积：60000 ㎡
主要材料：石材 玻璃 金属 漆

候机楼入口门廊

本案位于泉州市晋江下游南岸，与周围的火车站、汽车站、港口相衔接，交通极为便利。

本案为了显示闽南金三角“交汇四海，通融八方”的人文设计。所以整体风格强调室内设计和建筑设计的统一，在国际售票大厅主墙还采用泉州市花——刺桐花的造型演变成交错有序的立体墙面，表达了泉州人勇于拼搏的创业精神。项目在原建筑规划范围内针对各个区域进行有机的设计与协调。

功能上体现晋江机场内人流的快速疏导性，在文化上加深国内外旅客对泉州的印象，体现晋江机场的现代化。尺度上体现“万物比例”、“人类元素”，注重人与空间的尺度关系，显示泉州及闽南金山角的人文精神。在室内风格上与建筑风格及模数保持一致，采用偏暖的灰色，部分墙面、地坪采用明度对比较大的色彩。

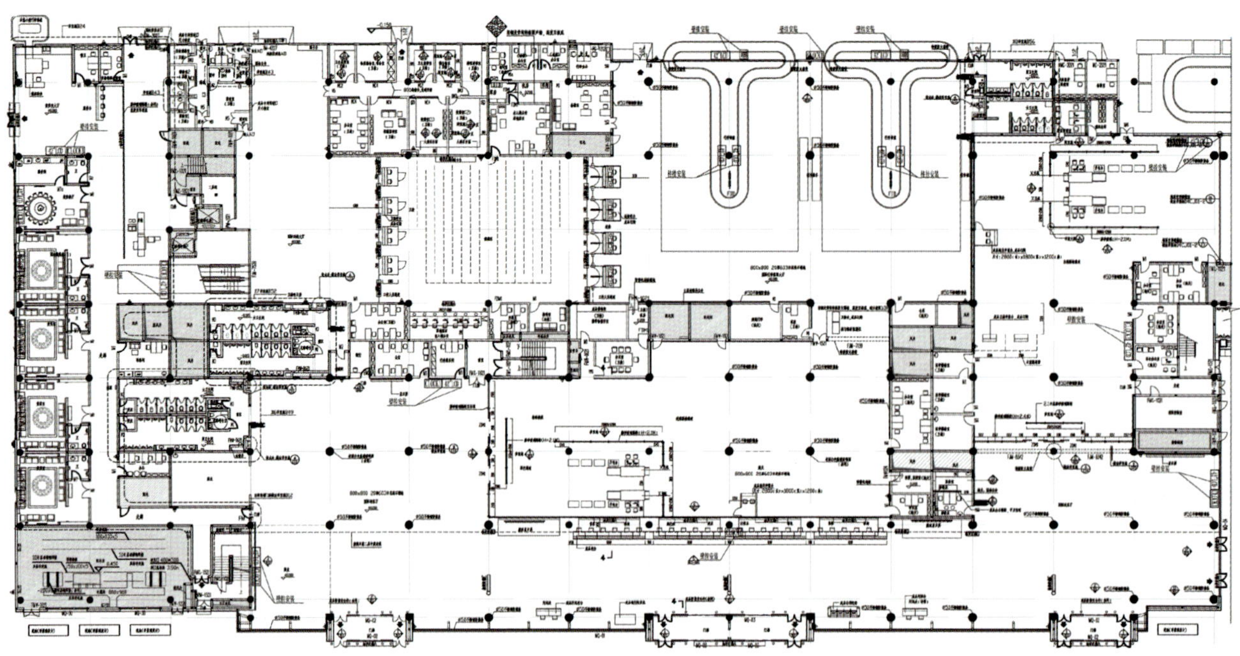

候机楼门厅

候机厅

通往候机厅通道

候机厅

静安区交通枢纽设计

项目地址：上海市静安区
设计单位：上海现代建筑装饰环境设计研究院有限公司
设计主创：王传顺

上海市静安区交通枢纽东起常德路，西至胶州路与南京西路地铁 2 号线相接处，南起南京西路，北至愚园路北面，分地面层和地下一层通道，在愚园路有地下出入口。整个室内设计简洁明快，色彩以中性灰、白色为主色系，突出交通空间的快捷功能特色。

出入口

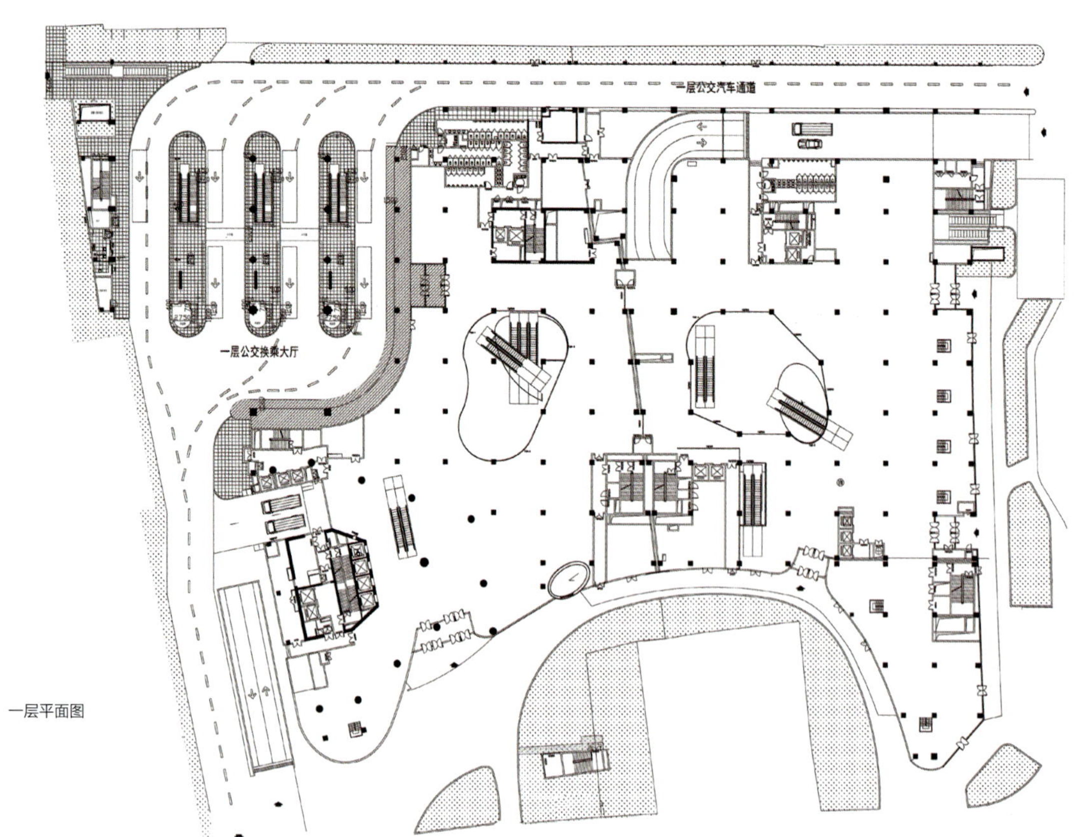

一层平面图

地下一层通道

地下一层大厅

地下一层通道

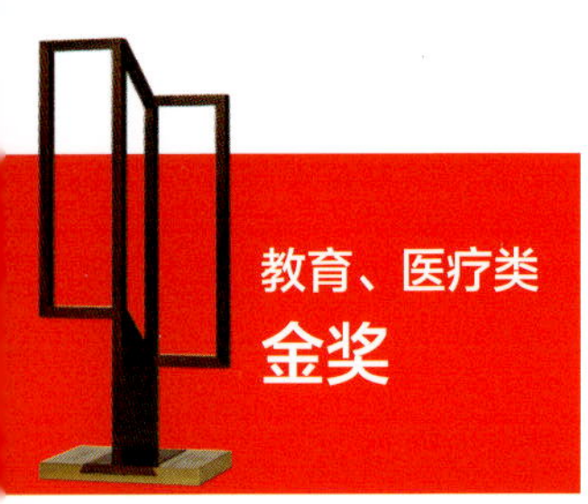

湛蓝

——医疗空间设计

项目地址：台湾桃园
设计单位：幕泽设计
设计主创：蔡宗谚
项目面积：45 ㎡
主要材料：人造石 强化烤漆玻璃 PVC 木地板 弧形玻璃木皮版 圆形马赛克

入口

本案结合自然风格的美学机能展现，色调调性以蓝白色系为主，空间主题以海洋的宽广、无边际的自然元素为体，彰显医生谦和纯洁的个人特质及医师专业深度。当阳光穿透云层，光线洒入落地透明玻璃门，光影之间更彰显空间的洁白无暇。自然云彩的由无形变有形使天花板无拘线条有了自然的呈现，海洋波浪化作空间主体精神，利用弧线玻璃表现了水与天的自然交汇，开始了无形与有形相遇的旅程。

印入眼帘的大厅入口以蓝天白云的概念色系搭配深色中空板，在一片柔和色彩中增加沉稳色调，稳定了空间的色彩平衡达成空间呼应共鸣，搭配天花板的弯曲不规则造型，结合柜台与电视背墙的反折线条强调了海洋的主题设计。

接待处的造型柜台，人造石台面以成熟工法打造出无缝弧度，使冰冷的石材有了曲度线条的深度表现。沙发背景墙利用强化玻璃区隔出候诊室与诊疗区，其材质的穿透性视觉感让空间无压释放。复合式装饰墙面结合实用性让电视柜、书报架、饮水机各得其所，可移式柜体设计使空间利用更多变化，实用性的巧思让主题更加统一。

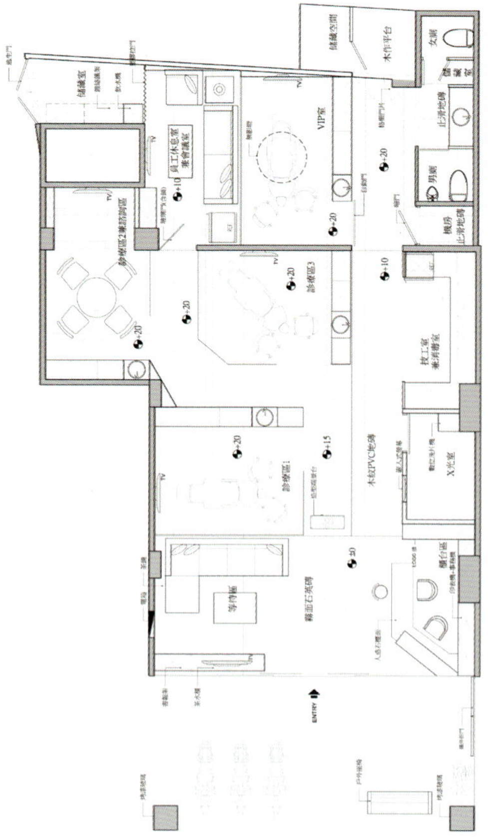

平面图

等候区柜台

等候区

从员工休息室望向诊室

廊道、双诊间

诊所内主要使用玻璃材质隔间，有效区隔空间并保留通透视觉感，弯曲造型让玻璃注入新生命，简洁空间享受品味设计，细腻动人，线条舞动。

天花板的弧形设计呼应着蜿蜒的玻璃隔间，洁净的白色调如阳光穿透云层般的意象撒落在空间中。诊区的长廊经过了 VIP 诊间、技工消毒室、诊疗区，运用玻璃与石墙虚实的交隔，延伸了空间感受，巧妙地将壁面与地面交接处蜿蜒结合，释放视觉感受。

廊道

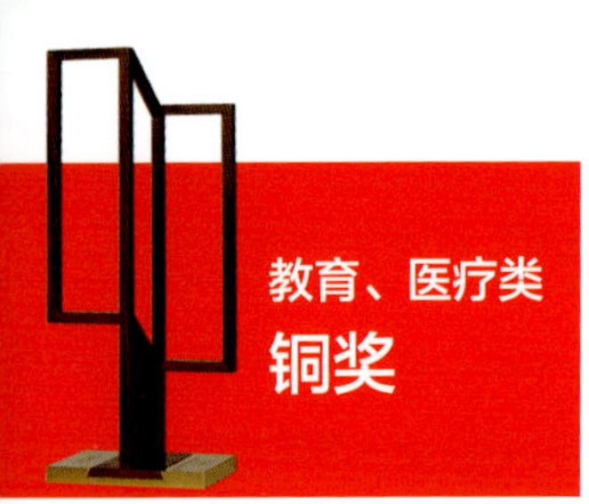

教育、医疗类
铜奖

素美医疗美容

项目地址：四川省成都市
设计单位：成都上界室内设计有限公司
设计主创：李军
设计团队：张德超 腾文仲
竣工时间：2013 年 7 月
项目面积：800 ㎡
主要材料：啡网纹 爵士白大理石 环保乳胶漆 定制冲充孔板
玫瑰金拉丝不锈钢 加厚型阳光板

一楼门厅入口 | **薄薄的接待台从地面升起，动感的引导消费者进入楼梯空间**

素美美容是专门针对年龄段偏年轻的爱美女士，进行微创整形的专业美容机构。设计灵感来源于好莱坞的经典电影中魄力长久不衰的女明星：玛丽莲·梦露、奥黛利·赫本、伊丽莎白·泰勒。她们的美艳和动人的体态一直成为几代人对美的评判标准。同时，象征纯洁、高贵的钻石艺术也和女性对美的追求同出一辙。于是，运用钻石切割线的设计理念便成为此次设计的重点所在，同时和谐流畅地贯穿于整体的设计中，使得消费者初到一层门厅，有如进入梦幻般的钻石空间。之后钻石变形的楼梯旁的叠水瀑布再次引导人进入二楼大厅，整洁宁静的气氛，让消费者感受到素美美容优雅温馨的专业环境。整体的空间规划设计是多次与客户沟通使用功能和操作流程而最终确定下来。泾渭分明的通道与各功能房间的导视让客户准确无误地对空间有明确的识别，尤其是对 SPA 的生活美容空间更是做了私密的双通道设计，使消费者放心地在一片宁静中享受美丽！

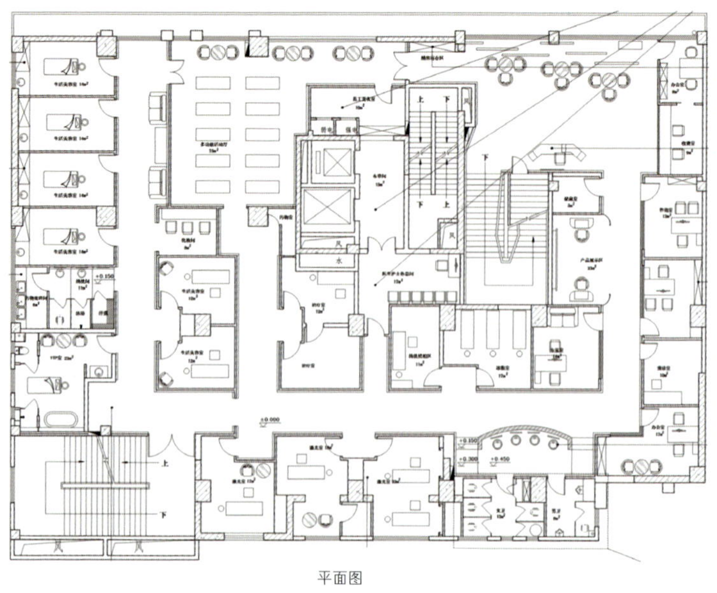

平面图

楼梯 | 原本单调的楼梯空间，被香槟色的塑铝板栏杆和钻石分割的天棚柔性灯布冲击成一个令人倍感兴奋的魔幻空间

私密的通道空间

整个设计的工艺上更是考虑到商业空间对时间和环保的高度要求，设计师对大面积墙面采用两层石膏板错缝和精准留缝的工艺，解决了医疗空间给人冰冷缺乏细节的保守印象，而且为日久工程接缝开裂的诟病找到了很好的解决办法。更为重要的一个设计手法就是用加厚型阳光板在走道内模仿户外自然光，让人在封闭的通道上有透气的感觉，成为整体室内空间的一个亮点。

二层接待大厅 | **沿用一楼接待台的大理石色带从地面升起，引导消费者方向。上楼正对的形象墙层叠的效果把室外的自然光半遮半掩，与其他墙的的灯带层次设计相映成趣**

通道 | 通往专业治疗室的通道上有用阳光板做的仿户外自然光的设计，让消费者有透气放松的愉悦心情

瑜珈馆 | 多功能瑜珈馆被几组温馨舒适的软座包围着，与墙面的钻石切割线形成一动一静的响应，为空间增色不少

S 造型

项目地址：东莞市虎门镇能源华庄街铺
设计单位：东莞市创达维森设计有限公司
设计主创：李建辉　麦德斌
设计团队：李基榕　李真权
设计时间：2012 年 11 月
竣工时间：2013 年 5 月
项目面积：245 ㎡
主要材料：磨砂玻璃　铝合金条　面包砖　白色钢琴漆
　　　　　复合木地板　人造石等

让灵感自由释放，创造一个心灵渴望的空间……我们对任何规则的焦点都不感兴趣，我们感兴趣的是规则的界限。当白色盒子与时尚相遇，让材质散发自身的气息，让结构表现自身的力量，获得和缓心灵的满足体验。

建筑外观，酷睿的现代感材质，结合了柔和的光源，构筑了时尚的商业门面，突出了商业的特有形象，无论从建筑设计上还是从商业消费观上，都给予路人或顾客一种时尚的视觉盛宴，也会为商业投资者带来无限的商机。

踏入室内，首先冲入眼帘的是一条充满时尚感而又具有性感魅力的"S"形金属扶手，做法新颖大胆，又强化了企业的商业形象，楼梯背后的凹凸起伏的铝合金条造型墙，更加吸引了人的视觉，配合白色灯光作洗墙，间接漫射、造型灯带等变化，为空间带来了不断的延续和惊喜。

室内为直长型空间，运用大量的白色铺出洁净的基调，从视觉上达到空间扩开的效果。在考虑到面积不大但又要更大限度地从商业盈利的目的来考虑，功能空间的分隔多数采用了玻璃及半封闭的铝合金条，既达到了很好的视觉效果，又达到了很好的商业效果！

作为一层与二层之间的连接，楼梯仍然是弧形造型，由周边的镜子背景烘托出雕塑般的姿态，成为空间醒目的视觉端点。

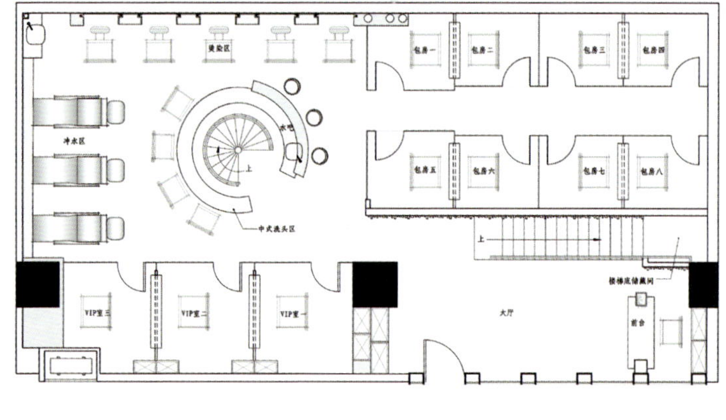

一层平面图

二层平面图

一层烫染区

一层水吧台（中式洗头区）

储物空间

一层烫染区

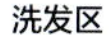

洗发区

2807 号公寓

项目地址：广州越秀区
设计单位：广东星艺装饰集团股份有限公司
设计主创：谭立予
设计时间：2012 年 6 月
竣工时间：2012 年 12 月
项目面积：70 ㎡
主要材料：白漆　实木地板　水泥

餐厅角度 | **晚餐时能看到夕阳**

当一块原有的水泥板墙面上刻有了建筑工人的打油诗，莫名其妙的电话号码，以及各种不完美的印记，我们应该保留下来。因为这块冰冷的水泥有了人的情感，并在未来的生活过程中继续发酵。

在设计中将整个空间开敞，增加流动性，不刻意制造人为的空间围合感。以平面的二维做横向贯穿，用墙面及天花材质和色彩上的呼应形成三维的竖向贯穿，保证空间结构的简洁和连贯性。考虑到功能上的实际需要，整面的白色板材在形成立面体块的同时，内部是大面积的储藏空间，将收纳隐于无形。房间之间用软性隔断和通透的玻璃材质进行半区隔，在实际使用中空间既可以相互贯通也可以相对独立。

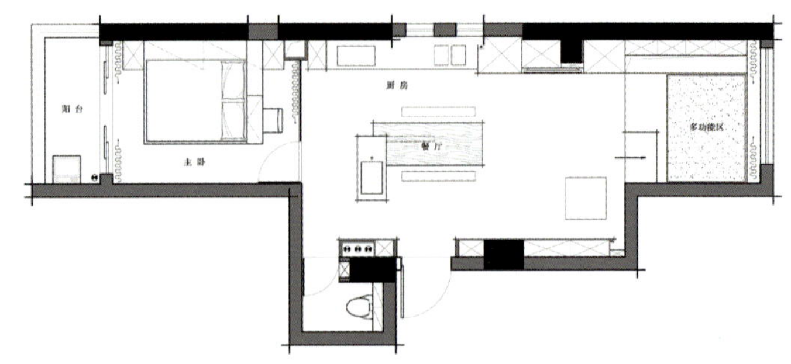

运用白色喷漆的木饰面和原建筑未经修饰的素水泥两者的材质特性，表现出细腻和粗犷质感的对比，让精致的更精致，拙朴的更拙朴。简单的色调让空间自然地分离出层次感，结合功能性的点光源与相对柔和的反射光带，自然形成的色调和明暗使人有更舒适的视觉感受。

条凳、素水泥、原木色的案台，这些传统元素并不是可以直接取材的对象，而当它们因为某种情结出现在同一空间，会共同形成淡然、朴素、宁静的诗意感，这种质朴和现代时尚并不冲突，也正合乎现代人在生活空间上的一种心理需求。

餐厅角度 | 水泥与木的碰撞形成了餐台与水盆

餐厅角度 | 坐在这样的椅子上吃饭，勾起小时候的记忆

多功能房 | **平时是书房，朋友来了可改做卧室**

客厅角度

卧室

保留的原墙面

卧室角度 | 当空间完全打开，视觉上非常通透

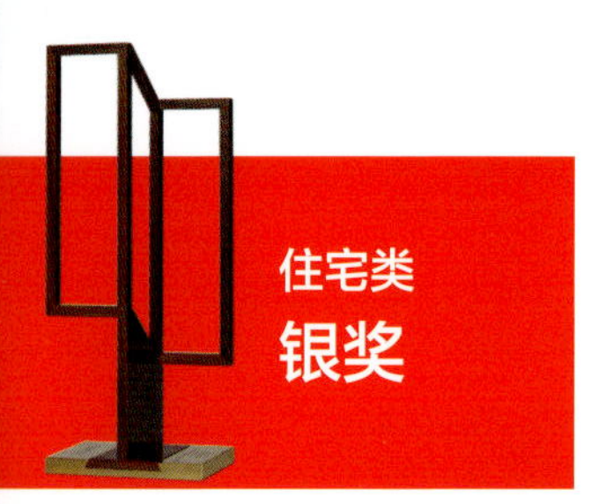

K. house

项目地址：广东省广州市
设计单位：广州名匠装饰
设计主创：俞骏
设计时间：2 个月
竣工时间：2013 年 7 月
项目面积：70 m²
主要材料：实木水曲柳　灰橡木　清玻　灰橡进口地板

起居室

此改造项目首先通过对原有结构进行调整，将光线最大程度引入到室内以解决原本光线不足的问题。为了突出光影，空间处理上也完全摒弃繁复的手法，设计初始就考虑如何在最单纯的界面上体现出丰富的视觉效果，并且赋予空间一种纯粹、质朴、静谧及空灵的居住体验，打造出完全超越感官的心灵居所。

因此墙面是最单纯的白色，形体是极其精简的块面，灯光也做到极简但又不失变化。实木线条及实木台面、家具无一不围绕这一主题。材料的选择上，玻璃是为了延伸空间，白墙则像水墨画的留白，光影、形体甚至思想都是笔墨，原木则给人自然、质朴的感受。而光影在营造空间氛围上则起到了关键的作用。不同区域光的设置都有所区别，而这些都一一在空间当中所体现。

通过不同体块、形体、线条的穿插及不同光影的变化来弱化原本单一的界面给人单调无内容的视觉感受并且丰富了原本单一的空间感受。

将这些简单材料重新组合，利用极简的形体及符号最终带来的是一个单纯，可以让人安静思考、放松心灵的居所。

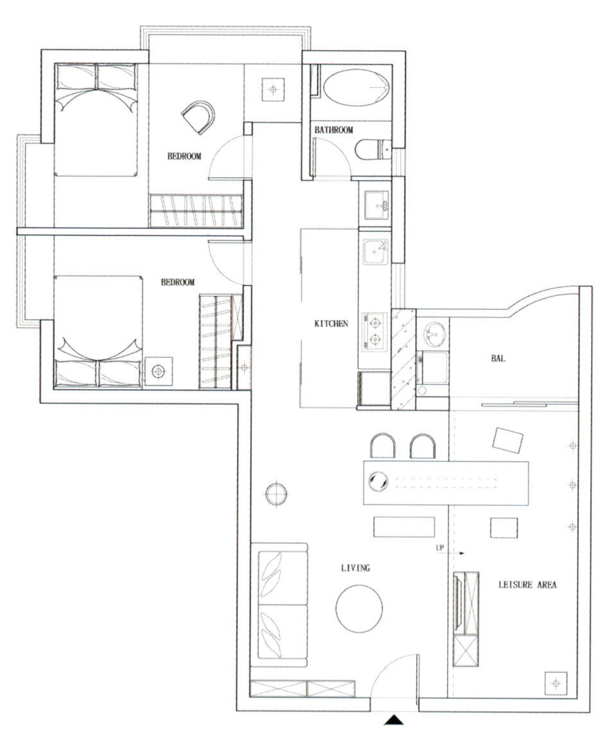

平面图

起居室

多功能区

过道及厨房

主卧室

过道

风岭一号

项目地址：中国南宁青秀区东盟商务区中缅路
设计单位：徐代恒设计事务所
设计主创：徐代恒
设计团队：周晓薇　黄仲谋　黄天塔
设计时间：2012 年 9 月
开放时间：2013 年 1 月
项目面积：240 ㎡
主要材料：大花纹水曲柳木饰面　花岗岩　实木复合木地板等

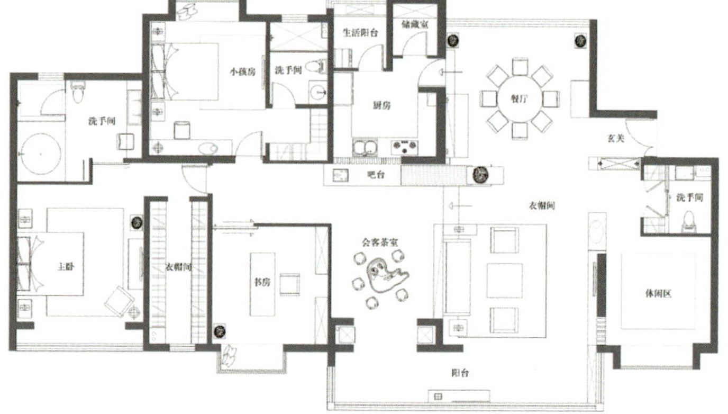

客厅

入门是本案的餐厅，围绕餐厅的水景无疑是本项目的一大亮点，让人在就餐的时候多了一份自然恬静的心境。灵活的间隔手法为空间分出了装饰品的角落，这些角落也能弹性地融入整体空间中。空间借由素雅的材质，点缀雅致的装饰画和茶具，让空间充满宁静禅意的氛围。整个空间色调儒雅、沉稳，以利落的体块语言来描绘空间，点线面结合，塑造沉静的居家氛围。在空间中，深色的皮质家具与浅色的木饰面和石材构筑出有趣的轻重配比，亦巧妙地开拓了居住者的空间感度。

吧台 | 借由素雅的材质，点缀雅致的装饰画和茶具，让空间充满宁静禅意的氛围

吧台局部 | 中式茶具的沉稳典雅成就了它为空间中重要的装饰点缀

客厅 | 大花纹水曲柳面板、花岗岩、实木地板、白色乳胶漆为主要材料，配以深色家具和麻质地毯，塑造沉稳雅致的基调

主卧过道客厅 / 木质感与石材自然融合，自然的材质让纯净的生活容器产生宁静与柔美

餐厅 / 餐厅三面的水景是空间亮点，将自然引进室内，丰富空间语言

阳台 | 灵活的间隔手法为空间分出了装饰品的角落，这些角落也能弹性地融入整体空间中

洁白无暇的时尚净界

项目地址：福建省泉州市洛江中骏裕景湾
设计单位：泉州市峰尚装饰工程有限公司
张鹏峰国际空间设计
设计主创：张鹏峰
项目面积：126 ㎡
设计时间：2012 年 5 月—2012 年 8 月
开放时间：2012.12
项目造价：40 万
项目材质：白玉石大理石　灰色仿古砖　不锈钢烤黑色漆　原木　实木木地板

客厅角度

本案是一套三居室住宅空间，面临海峡体育馆，全封闭式高档住宅区管理，怡人的园林景观，像一个大花园，小草像翠绿的地毯，红花伴随着绿叶，潺潺的流水声，水天一色，称得上秀色可餐。在与客户沟通完，主题非常明确：回到家中想要一片宁静，不要多余的烦杂，让身心足够的放松与享受，顿时现代、雅致、时尚、自然等几个关键词浮于脑海，设计周期花了好几个月，做了 3 个方案，虽然客户对于前两个方案也接受，但是自己还是不满意，感觉还不够纯粹，我想要让空间更加干净，更加没有杂念，并且有一些记忆和怀旧的东西，因此有了这个方案。

对于这个户型的平面布置上，除了满足功能需求外，墙体做了一些修改，让各空间的面积比例更加谐调，家具的摆设方式也做了些改变，让整体空间的使用与视觉上不会觉得那么拥挤，居室内部的空间大而又单纯。米黄色的实木地板、纯白色的墙壁、天花和咖啡色的窗帘，简单的色调，干净又利落。夹杂沙发的浅黄色，地毯的灰色，原木的家具，色彩丰富又不张扬，现代感十

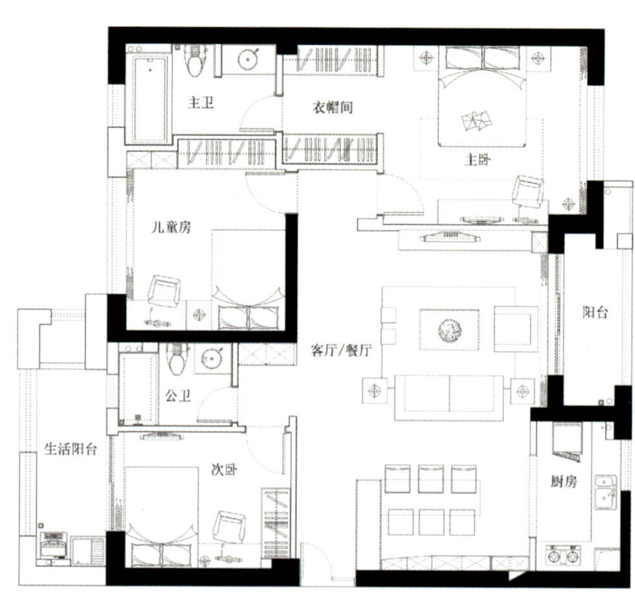

平面图

客厅角度 | 原木的家具，色彩丰富又不张扬，现代感十足又温馨安逸

客厅角度 | 米黄色的实木地板面、纯白色的墙壁、天花和咖啡色的窗帘，简单的色调，干净又利落

足又有家的温馨安逸，洁净流畅的空间看不到任何一丝多余。设计手法以线、面的表现方式来呈现出空间的层次与细腻。进门处，呈现眼帘的第一道风景是鞋柜的位置与餐桌台面的结合，这样的完美结合既解决入门处与餐厅区域空间的区分，也解决了鞋柜的位置和鞋柜空间小的难题。具备多功能的特点。选择一边木凳，一边餐椅，使整体家具看起来既不会那么的乏味又有了一个对比，而且让餐厅的空间可以更少地往客厅处移，这样客厅的宽度也可以刚好有一个合理的距离，创造了一个平衡大气的经典空间，客厅的简洁，餐厅的衬托，两个空间使用起来更加有利用性。卧室更是以纯色为主导，简约的软装搭配装饰，简单明了又不失惬意。卫生间用浅灰色仿古砖，烘托出现代低调、朴实不拘紧的生活感觉。

这是一个简单的纯净世界，随着 80 后的崛起，后现代简约的格调已慢慢成型，理想中的家是自然温馨的港湾，空间的简明扼要，体块的合理穿插。家具与空间搭配以纯粹为前提，后期配饰设计有条不紊，别出心裁，给人洁净舒适的家居生活。

餐厅角度 2 | **餐椅的选择一边木凳，一边餐椅，整体家具看起来既不会那么的乏味，又有了一个对比**

主卧角度 | 主卧室更是以纯色为主导，简约的软装搭配装饰，简单明了又不失惬意

公共卫生间 | 浅灰色仿古砖，烘托出现代低调、朴实不拘紧的生活感觉

万科松湖中心别墅

设计单位：深圳市派尚环境艺术设计有限公司
设计主创：周静 周伟栋
设计团队：李忠 邬叶红
竣工时间：2013 年
设计面积：500 ㎡
主要材料：天然大理石　天然木饰面　绣花皮革　艺术玻璃　拉丝铜

项目位于万科松湖中心——松山湖沟谷公园内，兼具会馆功能的 500 ㎡商务别墅，特为千帆阅尽的成功企业家打造。

这一类人群兼具国际化的视野和民族文化自豪感。对西方化的生活持开放和包容甚至依恋的态度，但同时也对东方美学所独有的含蓄和隽永饱含深情。

中西合璧的设计应该是适用于此类空间的方案，但是在我们的设计中，并没有不假思索的沿用一些中西方文化中的符号性元素。对于传统的元素，我们经过了感性的提取，理性的加工与运用，保持了空间的时代性和独特性。例如，传统中式纹样经过再设计，被运用到了皮革、艺术玻璃、镶板等空间细部中。

另一方面，通过现代的表现形式营造出符合现代人生活的空间环境，让人们在内心得到熏陶后再从容感悟传统的魅力，境由心生，在不经意中感受中西文化各自独特的魅力。

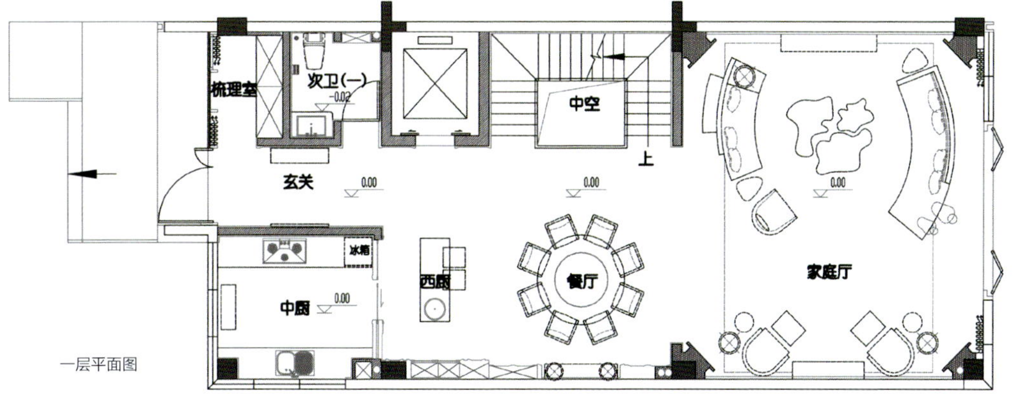

一层平面图

客厅

三层主卧衣帽间

三层主卧

卫生间

餐厅

负一层休闲区

山语城

项目地址：中国南宁市青秀区百花岭路
设计单位：徐代恒设计事务所
设计主创：徐代恒
设计团队：周晓薇　蒋园园　黄天塔
设计时间：2013 年 1 月
开放时间：2013 年 5 月
项目面积：85 m²
主要材料：胡桃木饰面　泰柏灰大理石　麻质硬包
银色镜面不锈钢　镜子等

装饰品 | **香灰色的汝窑青瓷茶壶，其清新脱俗的气质成就了它成为空间中重要的装饰物件**

事实上，这是个很有意思的小环境，呈现空间如何能不以实体隔间去定义领域的作法，而是转借结构物之量感，暗喻着领域的分属和性质。这些元素让空间开阔性得到很大转变。洗漱区的开阔设计，使得主人在此洗漱时亦能与客厅做互动。正是这个开放区域设计所赋予主人的独特感受，为住家视野带出深远或浅近、隐敛或显放的空间知觉。与此同时，设计亦打破屋内隔阂，使凝滞空间成为前后贯穿的领域，一举重塑了居家尺度意识。

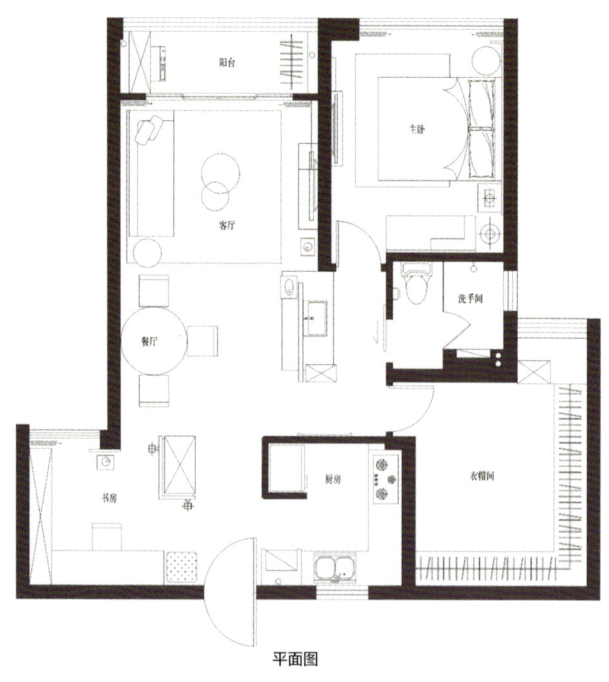

平面图

客厅 | **简约的空间里，体块的处理是空间的亮点**

客厅 | 洗漱空间的处理，呈现空间能不以实体隔间去定义法

书房

书房二 | 书柜一隅

洗漱区 | 在此区洗漱，亦能与客厅做互动，正是这个开放区域设计所赋予主人的独特感受

电视墙 | 几件装饰品的点缀，让视觉在空间里有了落点

空间 · 构成 · 对话

——构成主义品牌服饰店

设计单位：东北师范大学美术学院
设计主创：罗田

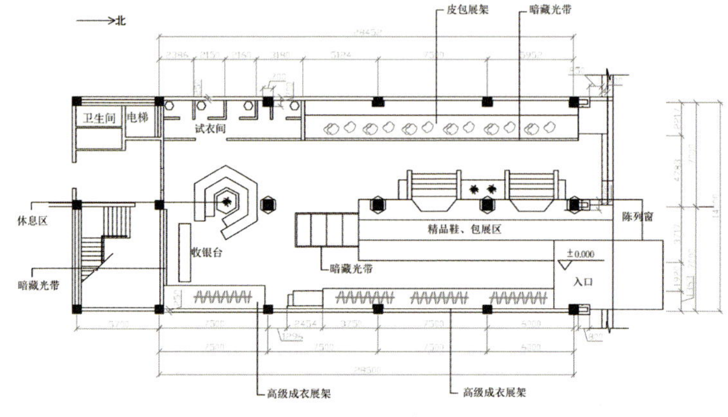

平面图

空间设计来源于劲霸男装的风格理念。劲霸男装风格成熟稳重，时尚感十足，线条硬朗，很好地体现了男性特征。所以空间以硬朗的直线条构成，空间整体设计运用中国古典纹样进行抽象，与传统文化，作为空间设计元素来源。空间黑白灰色调的选择灵感来自中国水墨，简洁酷感十足的黑白色搭配纯木颜色。用自然界中的元素去演绎现代前卫的购物氛围，时尚与自然的交融，现代与传统的结合。极具视觉冲击力的线条与灯光为体验者塑造一个不同于以往购物空间的新体验。

通过对蜂巢结构的提取、抽象，使贯穿空间的木材质筒柱将完整的母空间围合出子空间，围而不合的空间设计使空间与商品，商品与体验者产生一种对话，给体验者设下心理暗示，升华着关于自然与未知空间的故事。基于前卫性的空间设计构想，在材质的搭配上也追求简约不繁琐的设计理念，将可塑性木材磨光处理，配合天花与地面的天然理石，给体验者带来感官上的强烈刺激。为诉说大自然元素的材质语言蒙上一层更赋现代前卫意义的色彩。

空间通过直线条的变化，可以让体验者感受到不同的具有平面构成意义的体会。空间线条用灯光强化处理，从视觉上增加空间的视觉冲击力，与反光材料交相辉映，形成凝结在空间中的构成画，在画中购物，体验着与空间对话，强化空间与人的互动关系，使体验者耳目一新。

外立面

高级成衣展区 | 空间以硬朗的直线条构成，空间整体设计运用中国古典纹样进行抽象，与传统文化，作为空间设计元素来源

收银台 | 用自然界中的元素去演绎现代前卫的购物氛围，时尚与自然的交融，现代与传统的结合

展示区 | 基于前卫性的空间设计构想，在材质的搭配上也追求简约不繁琐的设计理念，将可塑性木材磨光处理，配合天花与地面的天然理石，给体验者带来感官上的强烈刺激

入口 | 简洁酷感十足的黑白色搭配纯木颜色

皮包展区 | 极具视觉冲击力的线条与灯光为体验者塑造一个不同于以往购物空间的新体验

精品展区 | 通过对蜂巢结构的提取，抽象，使贯穿空间的木材质筒柱将完整的母空间围合出子空间，围而不合的空间设计使空间与商品，商品与体验者产生一种对话给体验者设下心理暗示，升华着关于自然与未知空

方案类
金奖

素笺

设计主创：徐猛 周利
设计团队：叶向如 罗旭
设计单位：湖南汇智装饰工程有限公司

前院偏厅

本案设计初衷起源于长沙市70、80年代的一批老式筒子楼被政府改建项目取缔被迫拆除，而这批老房伴随设计者一起成长度过了那些青葱岁月，为了纪念和那些曾经的回忆所以租下了近郊的一个厂房进行改造设计。

在童年记忆中筒子楼的喧嚣和亲情历历在目，长长的通道摆满了各家各户的小炭炉，楼道内永远堆满了取之不尽的蜂窝煤，还有那透过不规则的花砖射进来的阳光。

而今这些记忆就像90年代的卡带，声音已经模糊，留下的只是黑白色的画面，但是每每翻开这些素而平淡的画面，一股暖意就直扑而来，不能释怀。

在和团队一起打造的这个空间大量的保留了筒子楼的精华，放弃了以前不便捷的功能，在实而不华的空间里加入了中式传统元素。在结构设计中留出可以让人回忆的空间，以前筒子楼没有院子只有天台，夏天的时候每家都会去天台纳凉，一起分享一天的收获，而今没有了天台（2层楼的建筑）却多出了小伙伴们一直想要的院子，我们开玩笑地说又可以每天在一起喝茶斗地主了。

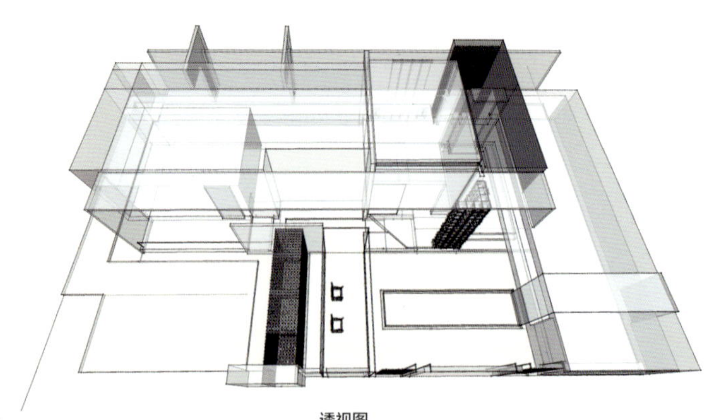

透视图

前院偏厅

后院过道

前院

前院走廊

正厅

雅安地震纪念馆

项目地址：湖南长沙原粮食库仓库
设计单位：美迪建筑装饰设计工程有限公司
设计主创：丁明

入口处

思考与成果：该套设计为雅安地震纪念馆，由大门过道、大厅、场景展示厅、资料展示和影视展示厅几部分组成，兼顾纪念、教育功能。入口处中国地图上四川板块做红色处理，即在一开始让观众将目光投向这里。进入大厅为小水晶房屋造型构成一个大型水晶吊顶，水晶房屋堆砌象征在这场地震中毁坏失去的家，而“巨人顶石”的场景寓意生命的伟大与坚强，一旁破土而出的小苗生动地展现了重生的新生命的美好。影视厅为地震当中废弃的木头构成，影视展示厅内部墙壁做“波浪”状处理，寓意新的生命将如潮水般奋勇向前。

雅安地震纪念馆即在这片土地中坚强地重生，既是对雅安地震中失去的家园和逝去的生命的缅怀，又是号召生者以及新生命珍惜眼前，坚强前行。同时通过对地震科普知识的了解使我们对地震知识有了初步的掌握。

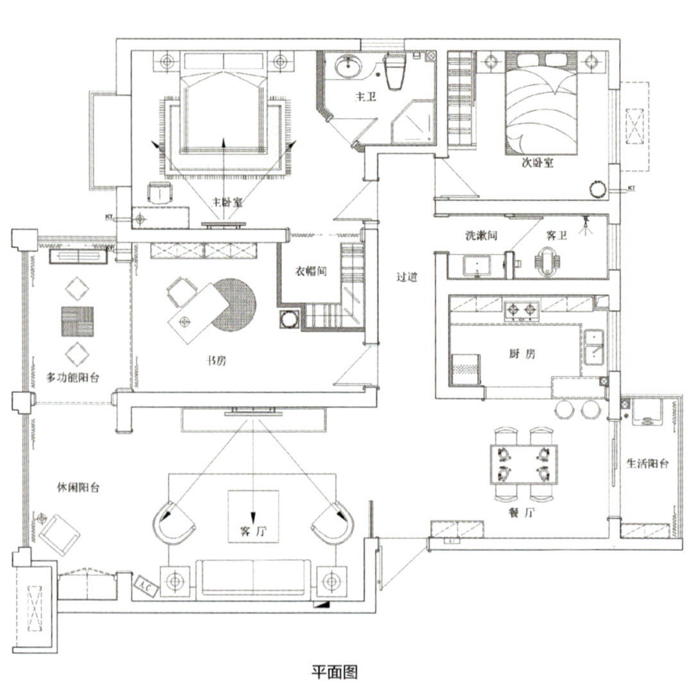

平面图

失落的灵魂

中厅

影视教育厅

展板展示厅

方案类

银奖

南通绿 SPA

设计单位：无锡市观点设计工作室
设计主创：孙传进 胡强
设计团队：齐明 李彦均 祁锦
项目面积：3800 ㎡
设计时间：2013 年 04 月
主要材料：北欧原木 天然木纹 石材 麻质饰面材 生态纸

外立面 | **城市的喧嚣和纷扰，在如雾如雨丝般的洗礼后是那么的清悠而浩然**

初期，城市的速度和节奏让每个人都会觉得兴奋和冲劲，慢慢地我们发觉，那种高速的节拍似乎对人类而言是亟需调节和修养的。设计师对生活状态的体验及感悟，深深地转化成为一种生活哲理——慢生活。

当项目的基地图呈现在案头，原有的结构和建筑框架形式做了更合适的空间流程划分，而形色质的设计定位相当精确地表达了空间的核心——慢生活。透过超高清显示屏主题墙传达出了身心的终极需求——悠远宁静。

空间转换后，如徜徉在牛奶般的浴区，穿梭于写意丛林的小小世界中。然后弥漫于空间的异域香氛，置身于此，犹如栖身脱俗跃世的都市奇境。

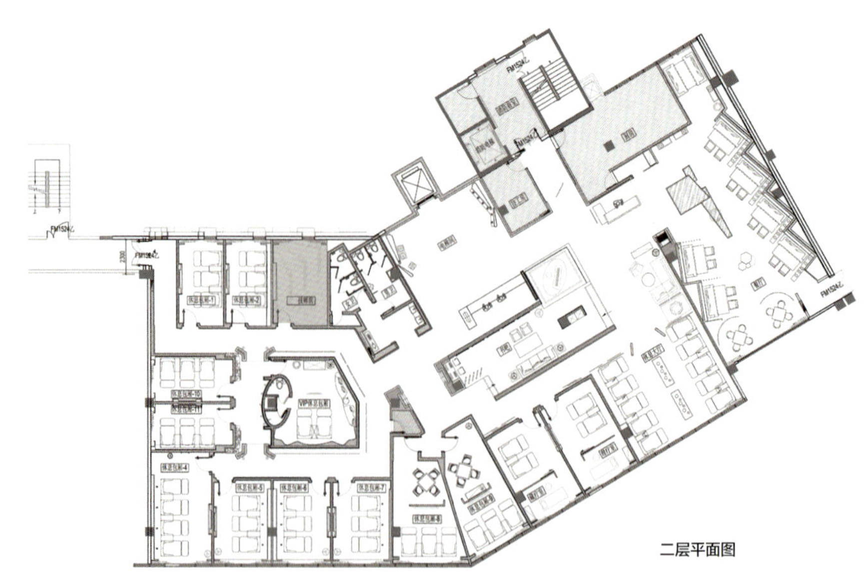

二层平面图

大厅 | 透过苍翠的群山，无比贴近的自然气息和瞬间的宁静，让室内的气韵深远悠长

交汇大厅 | 极具张力的空间过渡，写意的画面在本质理性的线条中，表现了未知空间体验

走道

客房

餐厅 | 丰富后的空间界面简化后的天花如风中植物的绚烂，置身于此，是另一种用餐的情绪在流淌

户外温泉

二层电梯厅 | **中调暖色中通过各种质感、明暗、型体诠译一个高端休闲气氛**

路尚酒店

项目地址：河南省濮阳市
设计单位：郑州弘文建筑装饰设计有限公司
设计主创：王政强　苏四强
设计团队：直涵明　杨志聚　何冰洁　段素华　郭文强
设计时间：2013 年 03 月
项目面积：3500 ㎡
主要材料：中国红皮革　旧铜板　老木头

酒店入口

濮阳路尚酒店位于濮阳市建设中路与开州南路交口，面积约 3500 ㎡，规划客房数为 86 间，定位于现代国际化中式风格。

“路尚酒店”谐音“路上酒店”，就是给客人一个休闲舒适、精神放松的环境，像是住在自己家一样的空间。酒店采用大量的留白，并点缀中国红，再配中式老家具及黑白对比的现代都市线描画，既满足了功能需要，又点缀了空间。

在满足舒适的住宿环境之外，个别空间会追求个性化的体验感受，在这里让客人感受别样的“家外之家”。

大堂背景墙面抽象的龙形图案，体现了所在城市的独有性。壁炉、造型随意的沙发像是在自己家的客厅一样，更能让人放松心情。

客房走廊墙面线描家具图案，既是家里一件件摆放的家具，又是区域照明的灯具。在本来不宽的走廊里设置沙发，让客人在这里可以小憩。

电梯厅中间本来无法处理的结构柱及消防设备，现在成了整个空间的亮点。

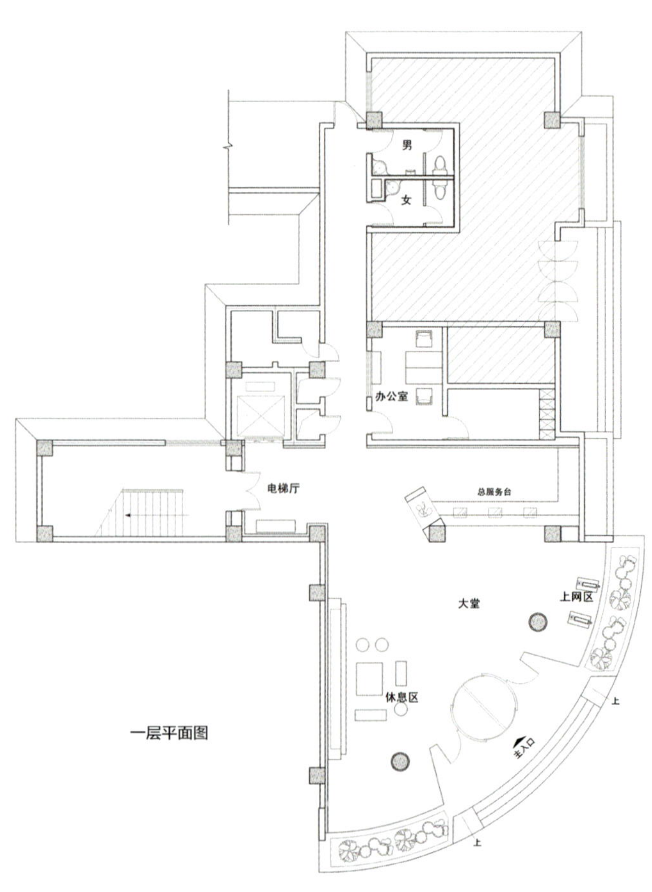

一层平面图

电梯厅入口

一层大堂

客房走廊

客房电梯厅

全日制餐厅

行政酒廊

豪华套房

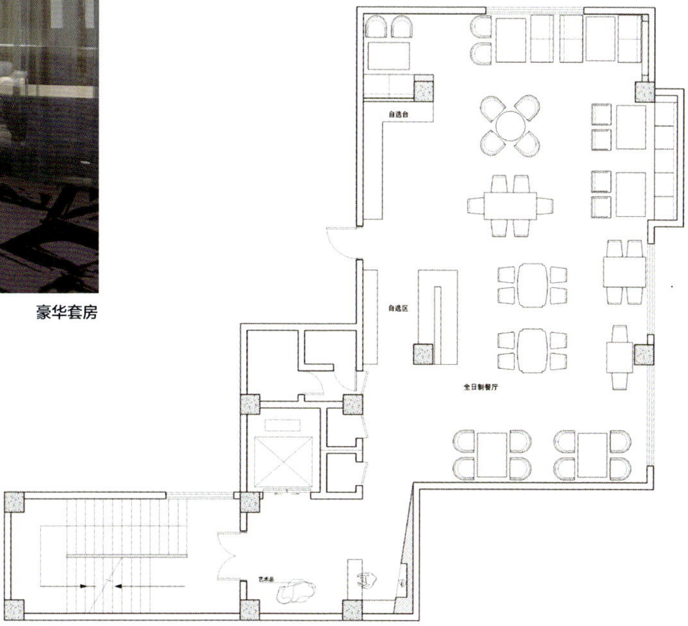

二层全日制餐厅平面图

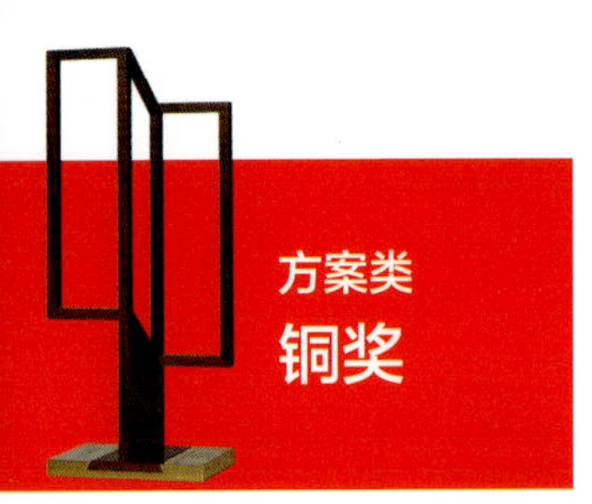

尚懿会所

项目地址：四川省成都市
设计单位：北京筑邦建筑环境艺术设计院张鸿设计机构
设计主创：张鸿
设计团队：黄卫　杨硕
设计时间：2013 年 2 月
项目面积：5000 ㎡
主要材料：石材　木材　钢丝

百苑厅

位于成都的尚懿会所，既是尊贵儒雅的企业会所，又是举办人文活动、会议、文艺沙龙、高端产品发布的商务场所，是成都崭新的城市会客厅。本案的最大意义就在于传承文化——尊重巴蜀文化、汉川文化、先秦文化的走向动态。

在尊重历史文化和传统的基础上，重新进行创新和突破，且布局处处以人为本，极大适应各种商务活动需求。同时内外皆俱，以新中式的手法诠释“尚懿会所”的内涵，充分展示了民族性、文化性、地缘性、世界性。

在空间设计中以当代发展的审美情趣为出发点，不仅从装饰风格进行了对新中式的重新思考，而且也全面展示了结构、光环境和声环境等多领域一次完整性的体现技术合理性、科学性和先进性。

尚懿会所也是全面提升对新中式建筑诠释的一道风景线，自古四川风光甲天下，那么会所将以独特的方式成为风骚独特、风华卓越的标志。

总平面图

满庭芳 | 大堂的柱子采取虚的处理手法，显得格外轻盈，而钢丝线排列组成的面，在整体大堂的上空形成线条清晰的结构美感

满庭芳水景 | 柱子、木线条隔断、地灯等都仿佛漂落在清晨水雾弥漫的水面之上，一切似曾显现，又隐而未见

观澜厅 | 横竖的框架线条和纵向排列的柱子，充满理性与大气，而两侧涓涓流水似乎是整个空间的赞美之声

过厅 | 打破深远狭长空间的单调，设置的石板桥给整体空间增加了人行走的趣味，中间用木框架和纱帘做虚实的变化，引人入胜。

青竹厅 | 高高的靠背椅和生动趣味的陶瓷摆件，点燃了空间的氛围，在温暖的灯光下，倾听生命美妙的乐章。

名人堂 | 柱子与壁灯用同一种材质合二为一的设计，是本空间的亮点，使空间整体和统一。

西兰卡普会所篇

项目地址：中国 湖南 长沙 咸嘉湖
设计单位：湖南美迪装饰大宅设计院 EPIN 设计事务所
主创主创：夏凡　唐桂树
设计团队：熊皓　唐亮　李刚　李沛　杨红波
项目面积：8000 m²

大厅 1

在确定了以湘西古建筑作为会所建筑外观的主体设计风格以后，如何来打造会所室内空间成为我们接下来思考的重点，既要保证建筑与室内风格的融合和统一，又要让会所从建筑到室内的整体设计得到升华。在我们的考察过程中，一种极具湘西土家文化特色的土家织锦深深地吸引了我们。这种织锦用土家语称之为——西兰卡普。西兰卡普是土家族古老的手工工艺，被列入第一批国家级非物质文化遗产名录，以其独特的工艺和美妙的构图被列为中国五大织锦之列，受到土家族人民的珍爱，视之为智慧、技艺的结晶，被称作“土家之花”。这让我们一下找到了创作的灵感。

平面图

过道

大厅 2

包厢

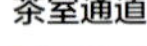

茶室通道

正立面

在室内空间的设计上我们希望通过对自然质朴材质的运用，以土家织锦——西兰卡普为主线，同时把土家族一些特有的建筑结构融入其中，通过灯光的明暗对比，来表达空间的层次和主题。作为空间的主题，我们在设计当中刻意地利用了西兰卡普最醒目的艺术特征——丰富饱满的纹样和鲜明热烈的色彩来点缀空间，同时利用其鲜明的艺术特点，进行更加深入的再次创作，让设计不仅仅停留于表面。在核心设计思路的引领下，我们最终希望能够打造出来一个风格鲜明，低碳环保，同时又能够代表湘西土家文化内涵的舒适空间。

品味“西兰卡普”，它似一首唯美的诗，一杯醇香的酒。艳丽之色，冷暖交错中透着古朴与神秘，给人以强烈的视觉冲击和浓烈的情感浸染；素朴之色，宛若一首摇篮曲，给人以宁静甜美的心灵体验，仿佛一眼就能看透土家女子的心事，又突然对土家姑娘的回眸一笑辗转难眠……

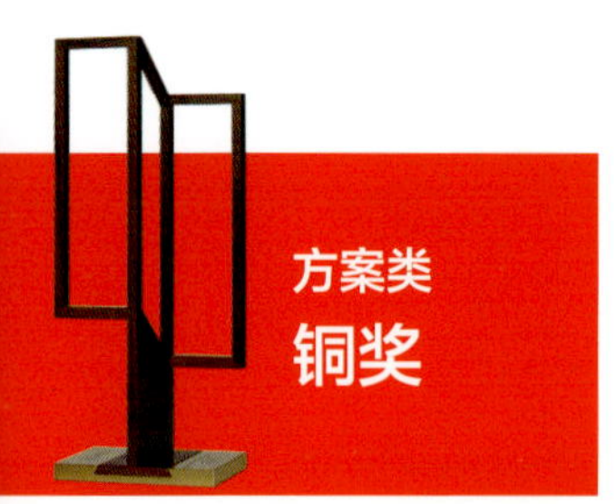

方案类
铜奖

丽汤温泉公园酒店

项目地点：辽宁省葫芦岛市
设计单位：深圳市品伊设计顾问有限公司
设计主创：刘卫军
设计团队：梁义　袁朝贵　卢浩　张罗贵　刘淑苗
项目面积：35925 ㎡

丽汤温泉首山温泉公园酒店建筑面积 60000 多平方米，拥有各式温泉高档客房、度假别墅 280 间 / 套；宴会厅及各类餐厅共计餐位 800 余个：室内外温泉水疗、溶洞泡池、森林泡池 50 余个；游泳馆、世界顶级 SPA、康体娱乐、贵宾私密温泉会所等温泉浴区面积达 12000 多平方米。大小会议室、贵宾室、多功能厅 10 余个；水区演艺吧、名流书苑、红酒雪茄、商务中心、精品名店一应俱全，是东北地区首个拥有山、海、泉的特色高端温泉酒店。酒店秉承特色沐浴、休闲度假、商务会议、绿色餐饮、温泉养生度假新潮流的开发理念，对旅游观光、商务休闲、运动娱乐、温泉水疗 SPA、特色餐饮以及品位、文化、心境等多种元素进行有机组合，从而使您获得一种全方位的生理与心理休闲的超值服务，更是让您得到一种深层次的心理放松、精神愉悦与尊贵感受。

平面图

江西云中城

项目地址：江西省南昌市高新区
设计单位：福州宽北装饰设计有限公司设计
设计主创：郑杨辉　黄友磊

本案位于南昌高新区艾溪湖边。设计定位：将艾溪湖边的自然景物融入到空间当中。大堂设计主要表现出大楼整体的气质及周边景观，营造空间高耸宏伟的视觉体验，弱化原有建筑空间层高不足的缺点。

在功能上有如下方面的考虑：大堂服务岛，商务咖啡吧、书吧的整合空间，大堂休息区，商务配套服务区，大厦管理处及消防控制中心，卫生间及商业区。大堂开两个入口方便未来适用人流进出及疏散。大堂设公共卫生间安排在商业空间和大堂及 VIP 入口交汇处，便于人群的使用。充分考虑未来入驻后的使用，除去设备层避难层，本项目单栋拥有 42 层写字楼，按照实际使用面积 67%，人均办公面积 12 ㎡来算（超高层写字楼一般标准），单层用户 112 人，单栋总使用人数约 4704 人，公共大堂部分从早晚高峰人流如何进入大楼、意外紧急疏散进行合理的动线考虑。架空层部分打造成城市休闲 party。

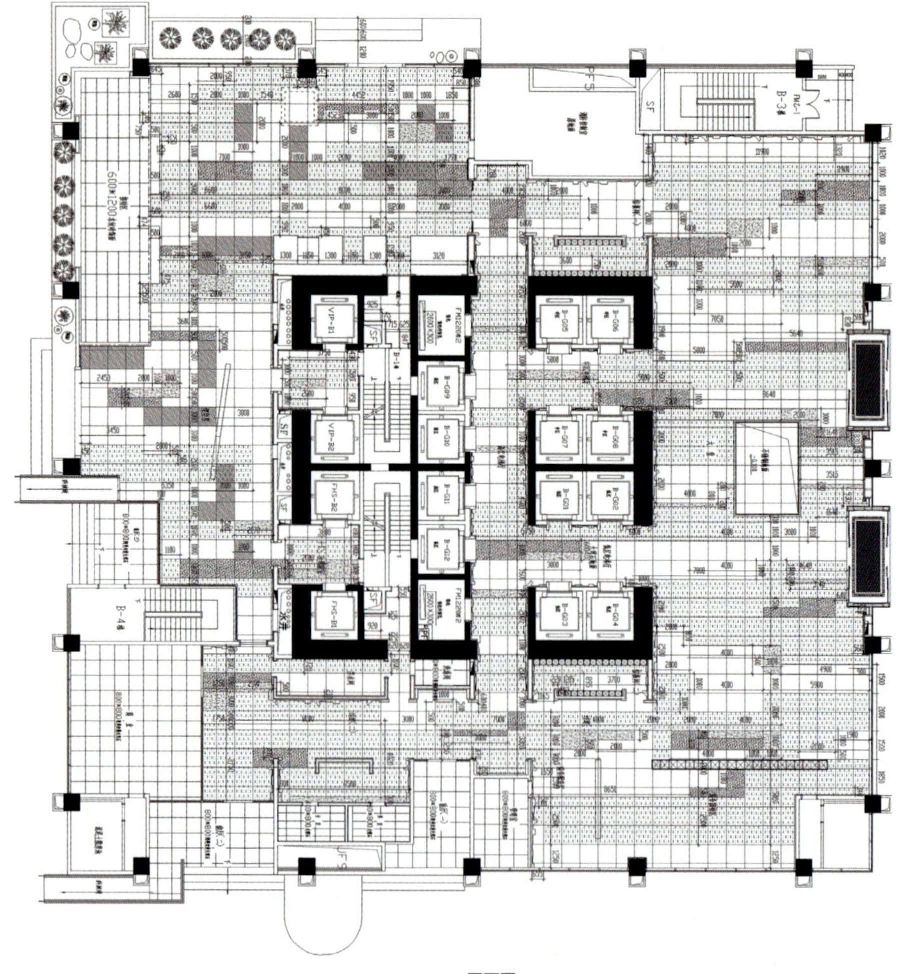

平面图

书吧及咖啡吧

过道

卫生间

过道

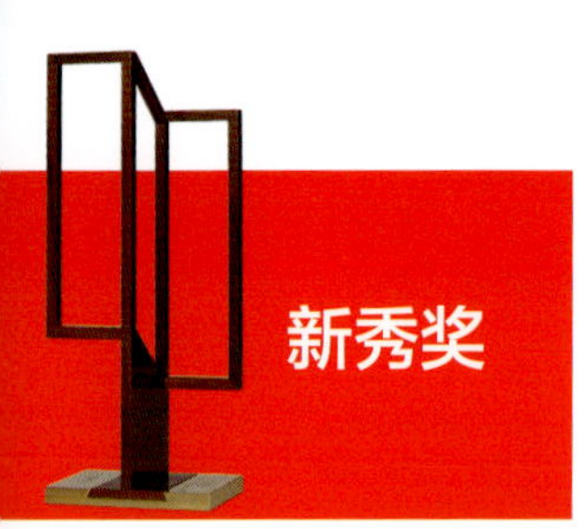

居然顶层
室内环境设计中心

项目地址：北京市
设计单位：北京丽贝亚建筑装饰工程有限公司
设计主创：孙书佳
设计团队：洪伟　肖安琪

院落效果图夜景

本项目坐落在居然之家顶层的天台上，周围视野开阔，阳光充足，是一所以高端设计师办公为主，集设计发布会、展示、交流、休闲于一体的俱乐部式办公场所。本设计从项目的客户心理需求与设计师的心理需求出发，以品位、高端、轻松、艺术为主要基调指导定位。力求打破传统办公形式的束缚，从体验、交流、休闲的氛围与形式中架起客户与设计师的桥梁，并且结合设计样板情景展示等使客户能够亲身体验并参与其中。

设计语言上以现代手法为基础，深刻挖掘本土文化，并结合居然集团的企业文化，设计出标志性符号，突出高端设计文化。本设计通过整体定制化的设计理念，从建筑、室内、家具、小品、导视等等进行统一的风格设计。在节能设计上合理利用冬夏阳光照度关系规划平面，划分室内外空间比例，从空调节能与照明节能等做了细致的设计，把绿色设计的概念落实于其中。

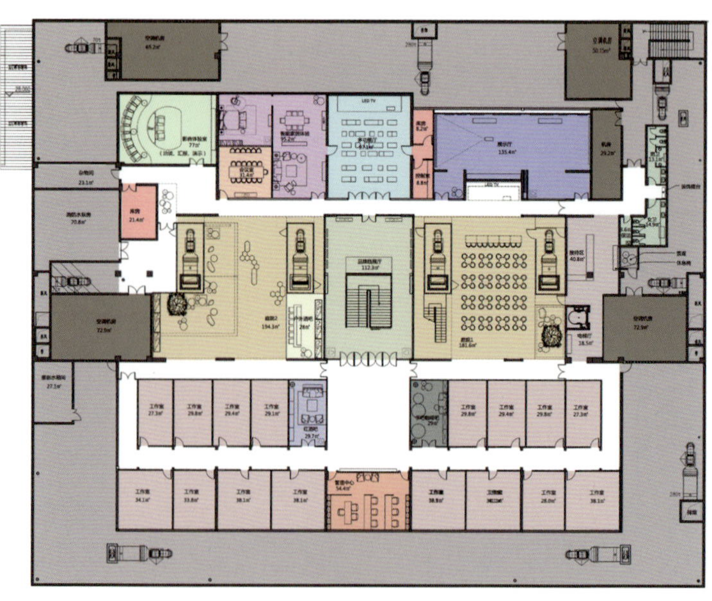

平面图

展示厅 1

展示厅 2

前厅

预约接待厅

走廊透视图

多功能厅

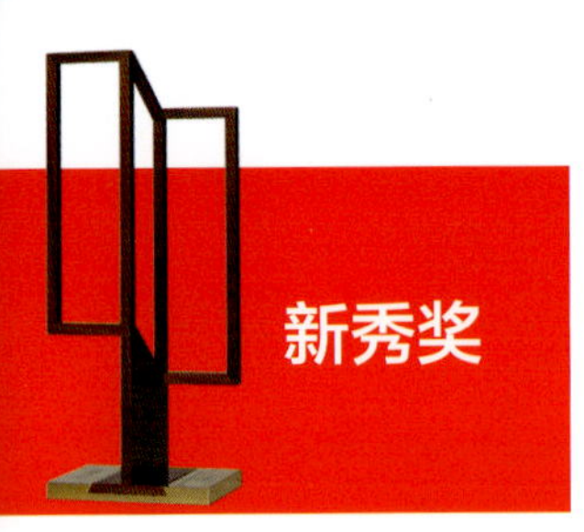

新秀奖

爱木者

项目地址：江苏常州朗诗国际
设计主创：翁德
项目面积：160 ㎡
设计时间：2013 年 6 月
主要材料：实木地板　仿古砖　芬琳墙漆　橡木饰面板　白色木器漆

客厅

屋主是位 80 后的爱木主义者，想让未来居住的空间能舒适、温馨，向往着木之手感住宅。设计师通过自然纹理的展现，带出细致而温暖的居住感。

用自然的原木材质打造一个家，通过木头材质，赋予空间一份温暖舒适。质朴、可塑性高的木质地，创造（家）森林般的清爽美感，终于，我们发现一直以来最难寻得的理想屋，就在木空间里。当你开始用木头，就会珍惜它，会用上一辈子。

该住宅是 160 平㎡的平层公寓住宅，业主强调宽敞明亮的大厅，所以把原先的餐厅移到厨房位置，合并成开放式用餐厨房。把原本的用餐区一并划入客厅，电视背景则做成大面积的储物柜，来满足客户对储物功能需求，嵌入式的电视柜用原木色呼应着沙发背景客厅的大沙发置中放置留出前后过道，提升了客厅行走动向更加明了通透，并且完整。现代主义的建筑大师密斯的设计哲学“少则多”，用在这里就是尽量少用装饰及陈设，摒弃繁琐的设计，从而能够获得更多的空间。在这座住宅公共空间中，简约利落的线条，沉静的自然色彩，一切都清爽地摆在那里，置身其中，有种风过水无痕，淡淡的喜悦感。这显现了设计师的整合空间能力。

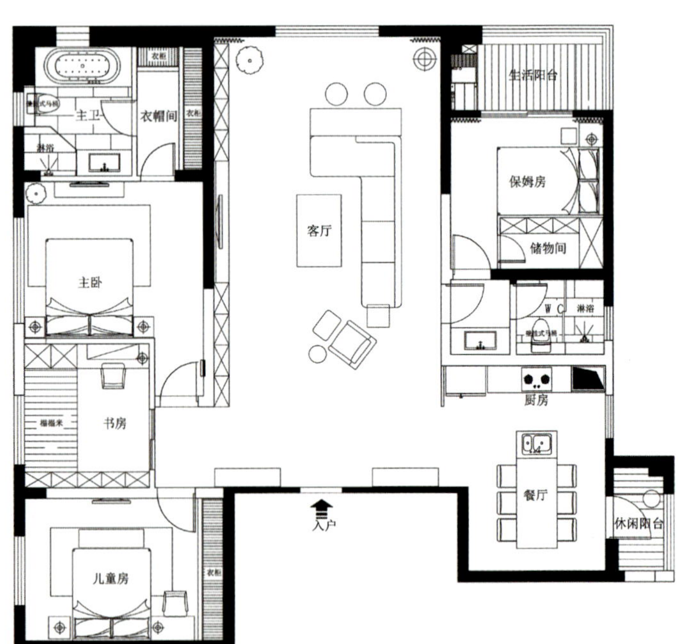

平面图

客厅

电视背景

书房

该设计以淡雅节制、深邃禅意为境界，重视实际功能。住宅设计一定要“精、巧”。大自然的木色是这个空间设计的主要基调。为强调细腻的手感与温润的触感，以增强感官的体验让人与空间能够交流。在沙发背景墙体大面积使用了实木地板上墙，因此无论是触感或视觉效果，都能贴切诠释自然感受，而定制的布艺家具搭配以实木，加上屋主喜欢茶道，在沙发侧面专门设计了一个禅坐的茶区。让整个空间表现出天然而舒暖的现代清禅意的宁静氛围。其次木材质贯穿于屋内的每个角落，除了帮屋主打造舒适居家，规划一个能留下来家族记忆的日常环境，更要以精致的空间来让屋主随时能够感受生活的美好。

餐厅

主卫

主卧

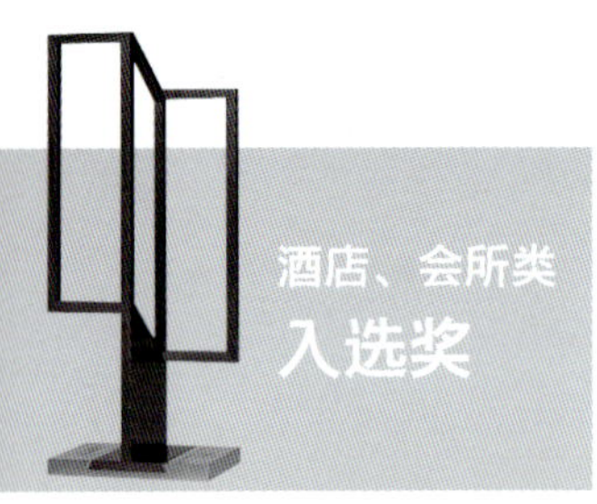

国花骊宫坊

所获奖项：酒店、会所类入选奖
设计单位：北京丽贝亚建筑装饰工程有限公司
设计主创：邱爱成
设计团队：张志超

广州西塔四季酒店

所获奖项：酒店、会所类入选奖
设计单位：广州珠江装修工程有限公司
设计主创：许牧川 鹿静兰
设计团队：何灵静 叶希文 陈文洪

梦巢

所获奖项：酒店、会所类入选奖
设计单位：维斯林室内建筑设计有限公司
设计主创：廖奕权

云音·禅会所

所获奖项：酒店、会所类入选奖
设计单位：河南鼎合建筑装饰工程有限公司
设计主创：鼎合设计

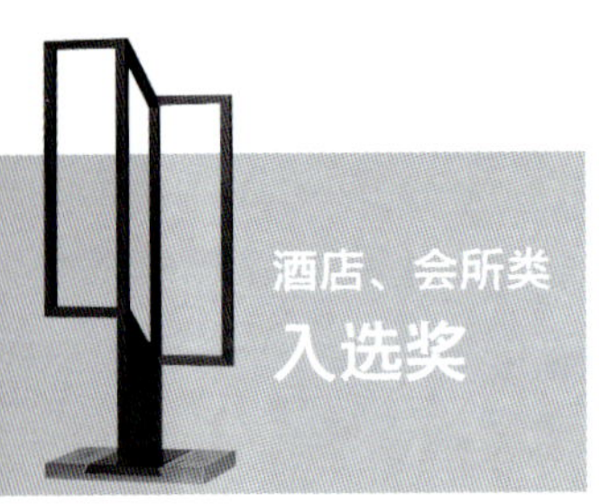

广东中山魅力皇爵 KTV 会所

所获奖项：酒店、会所类入选奖
设计单位：深圳品彦室内设计有限公司
设计主创：杨彦

天和城商务会所

所获奖项：酒店、会所类入选奖
设计单位：苏州金螳螂建筑装饰股份有限公司天津设计院
设计主创：王少青

湖滨四季春酒店

所获奖项：酒店、会所类入选奖
设计单位：无锡市上瑞元筑设计制作有限公司
设计主创：冯嘉云　范日桥
设计团队：孙黎明　郭旭峰

洛阳十八景摄影主题酒店

所获奖项：酒店、会所类入选奖
设计单位：非东室内设计
设计主创：刘非　陈翠
设计团队：陈翠　张静瑶　刘丹辉

长沙星栈设计酒店

所获奖项：酒店、会所类入选奖
设计单位：重庆大木·年代营造室内设计有限公司
设计主创：赖旭东　夏洋
设计团队：涂强　金正龙

悠居

所获奖项：酒店、会所类入选奖
设计单位：苏州金螳螂建筑装饰股份有限公司
设计主创：缪逸平　高颢
设计团队：郭高尚　陆雯婷　蔡政　朱鑫骐　张俊杰

Cuppers 咖啡连锁

所获奖项：餐饮类入选奖
设计单位：海诚之行建筑装饰设计咨询有限公司
设计主创：王哲敏

珍宝轩

所获奖项：餐饮类入选奖
设计单位：徐代恒设计事务所
设计主创：徐代恒
设计团队：周晓薇　黄仲谋　吴青青

成都万达食彩餐厅

所获奖项：餐饮类入选奖
设计单位：福州道和设计
设计主创：高雄
设计团队：高宪铭

陆子意韵

所获奖项：餐饮类入选奖
设计单位：多维装饰工程设计有限公司
设计主创：林洲

三义和餐厅

所获奖项：餐饮类入选奖
设计单位：睿智匯设计公司
设计主创：王俊钦

周圆酒肆

所获奖项：餐饮类入选奖
设计单位：西安秦砖汉瓦视觉设计工程顾问有限公司
设计主创：李宪英
设计团队：冯月华

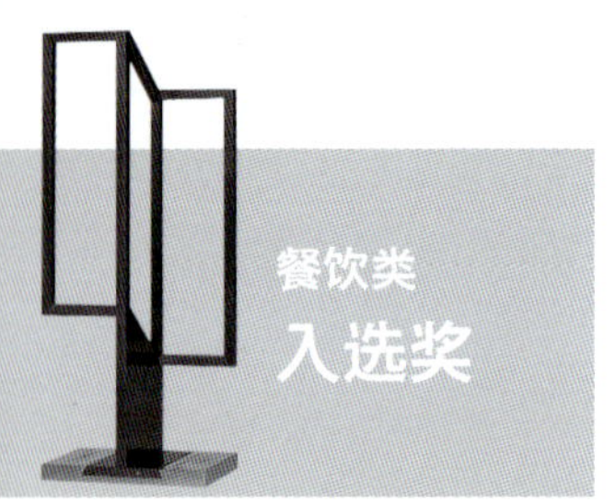

Yes Bar

所获奖项：餐饮类入选奖
设计单位：徐代恒设计事务所
设计主创：徐代恒
设计团队：周晓薇　蒋园园　黄仲谋

钰荟盛宴

所获奖项：餐饮类入选奖
设计单位：徐代恒设计事务所
设计主创：徐代恒
设计团队：周晓薇　吴青青　黄仲谋

秀一方

所获奖项：餐饮类入选奖
设计单位：上海亿端室内设计有限公司
设计主创：徐旭俊
设计团队：吴耀斌

泰爱里餐厅

所获奖项：餐饮类入选奖
设计单位：佛山尺道设计顾问有限公司
设计主创：何晓平　李嘉辉

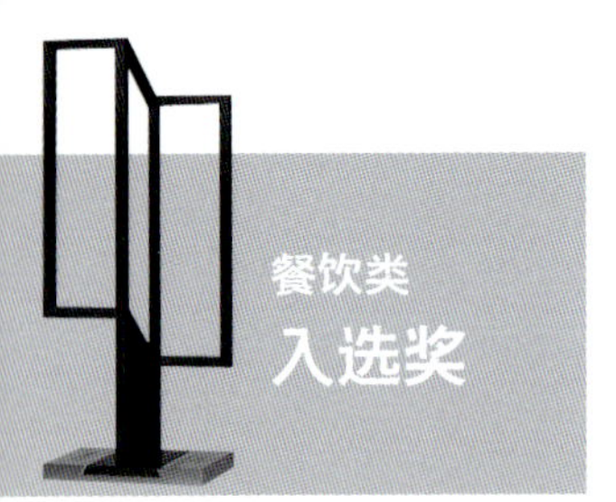

餐饮类
入选奖

漳州古厝会所

所获奖项：餐饮类入选奖
设计单位：厦门意境室内设计顾问有限公司
设计主创：魏朝晖　程杨

牛仔很忙——火锅店

所获奖项：餐饮类入选奖
设计单位：非东室内设计
设计主创：刘非　刘东岭
设计团队：陈翠　张静瑶　刘丹辉

独揽荷塘月

所获奖项：餐饮类入选奖
设计单位：成都易景室内设计事务所
设计主创：钟其明　徐舟
设计团队：黄莺

“君”养生馆

所获奖项：休闲娱乐类入选奖
设计单位：安徽新华学院
设计主创：许建国　刘丹
设计团队：汪要新　姚佳宏

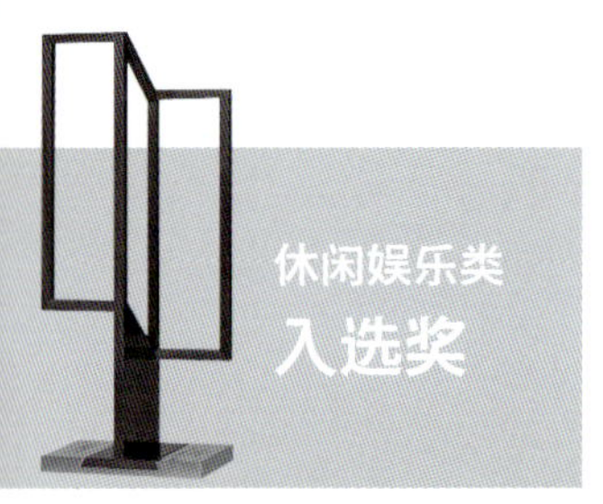

休闲娱乐类
入选奖

溧阳巴登巴登温泉会所

所获奖项：休闲娱乐类入选奖
设计单位：无锡市观点设计工作室
设计主创：孙传进　胡强
设计团队：齐明　李彦均　祁锦

万达大歌星 KTV 大连旗舰店

所获奖项：休闲娱乐类入选奖
设计单位：北京丽贝亚建筑装饰工程有限公司
设计主创：鲁小川
设计团队：孙书佳　洪伟　石珊珊　肖安齐

天津北塘古镇凤凰街秀场

所获奖项：休闲娱乐类入选奖
设计单位：中国建筑设计研究院
设计主创：张明杰　邸士武
设计团队：江鹏　张然　王墨涵　李毅　许丽伟

奇幻量贩纯 K

所获奖项：休闲娱乐类入选奖
设计单位：成都多维设计事务所
设计主创：张晓莹　范斌
设计团队：祝鹏　黄飞

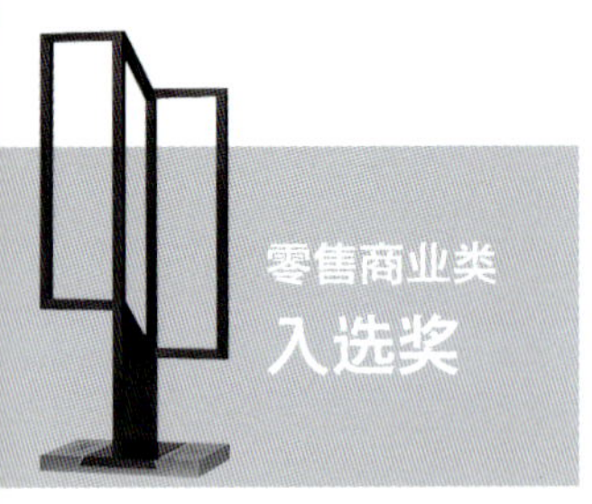

GOLDEN · YUMU

所获奖项：零售商业类入选奖
设计单位：杨铭斌设计事业有限公司
设计主创：杨铭斌

保利德胜中汇花园 8 座 303 房

所获奖项：零售商业类入选奖
设计单位：广州市本则装饰设计有限公司
设计主创：柏舍励创 · 本则创意

竹桓旗舰店设计案

所获奖项：零售商业类入选奖
设计单位：隐巷设计顾问有限公司
设计主创：孟羿彣　袁筱媛
设计团队：黄士华

菁皇茗茶会所

所获奖项：零售商业类入选奖
设计单位：福州道和设计
设计主创：高雄
设计团队：张云灯

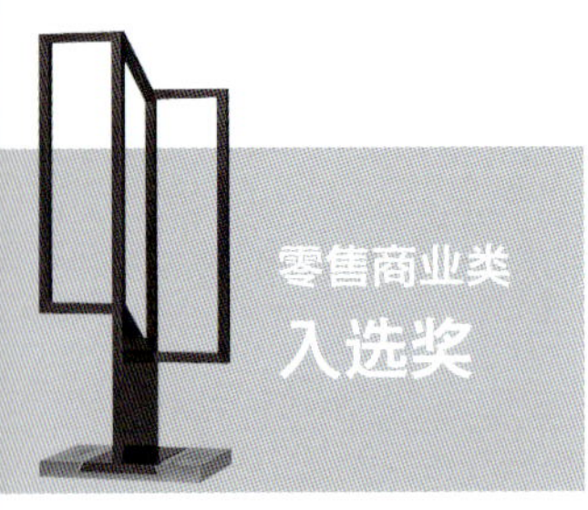

溪山观泉

所获奖项：零售商业类入选奖
设计单位：鸿扬家装
设计主创：周磊光
设计团队：司马雄

花样年花郡别墅样板间

所获奖项：零售商业类入选奖
设计单位：苏州金螳螂建筑装饰股份有限公司天津设计院
设计主创：王少青

艾斯维尔酒庄

所获奖项：零售商业类
设计单位：福州多维装饰工程设计有限公司
设计主创：林洲

湖北宜昌恒信中央公园 101 户型样板房

所获奖项：零售商业类入选奖
设计单位：深圳市盘石室内设计有限公司
设计主创：吴文粒
设计团队：陆伟英

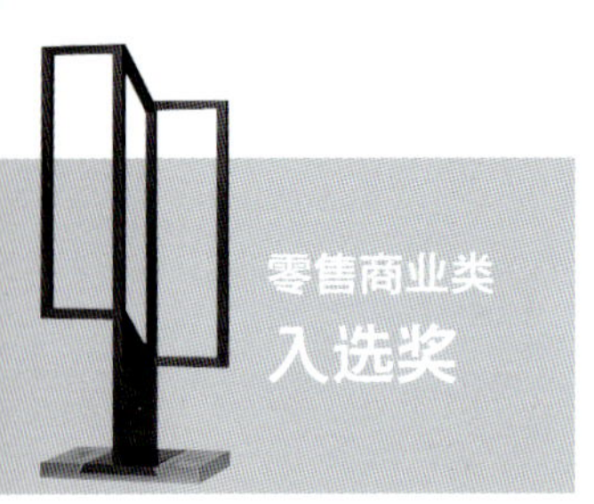

零售商业类
入选奖

湖北宜昌恒信中央公园 9A 户型样板房

所获奖项：零售商业类
设计单位：深圳市盘石室内设计有限公司
设计主创：吴文粒
设计团队：陆伟英

九龙仓时代小镇样板间

所获奖项：零售商业类
设计单位：成都多维设计事务所
设计主创：张晓莹　范斌

源代码

所获奖项：办公类入选奖
设计单位：上海唐玛空间设计有限公司
设计主创：施旭东
设计团队：洪斌　陈明晨　林民

新创广告

所获奖项：办公类入选奖
设计单位：福州中和设计事务所
设计主创：陈锐锋

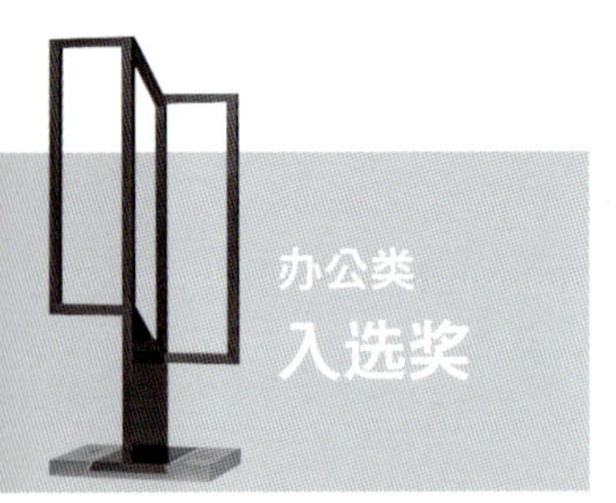

和正建设办公室

所获奖项：办公类入选奖
设计单位：福州造美室内设计
设计主创：李建光　黄桥

中航商用航空发动机有限责任公司101总部及研发大楼室内设计

所获奖项：办公类入选奖
设计单位：上海现代建筑装饰环境设计研究院有限公司
设计主创：贺芳　朱莺　黄海涛
设计团队：黄斌　姚铮　陈赟　任泽粟　程舜　陈蓉

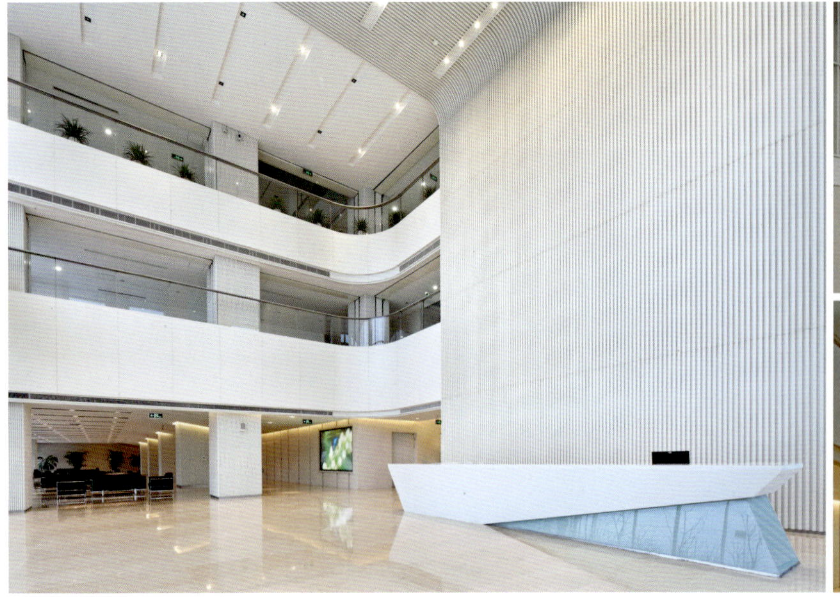

5+2 设计办公室

所获奖项：办公类入选奖
设计单位：广州市五加二装饰设计有限公司
设计主创：柏舍励创 · 5+2 设计

万科广场二期办公室

所获奖项：办公类入选奖
设计单位：广州市本则装饰设计有限公司
设计主创：柏舍励创 · 本则创意

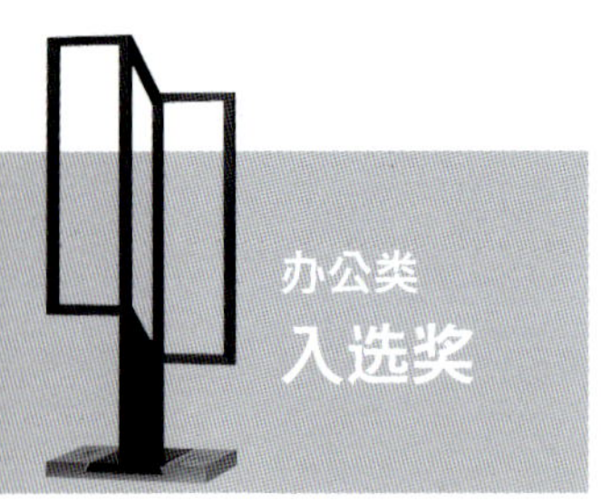

广州道胜装饰设计新办公室

所获奖项：办公类入选奖
设计单位：广州道胜装饰设计有限公司
设计主创：何永明
设计团队：道胜设计团队

博宇建筑办公楼室内设计

所获奖项：办公类入选奖
设计单位：福建天正装修工程有限公司
设计主创：孔杰

嘉兴办公楼

所获奖项：办公类入选奖
设计单位：温州市禾力装饰设计有限公司
设计主创：黄志勋
设计团队：余琳

鼎合设计写字楼

所获奖项：办公类入选奖
设计单位：河南鼎合建筑装饰设计工程有限公司
设计主创：鼎合设计
设计团队：孔仲迅　李春才　安红云

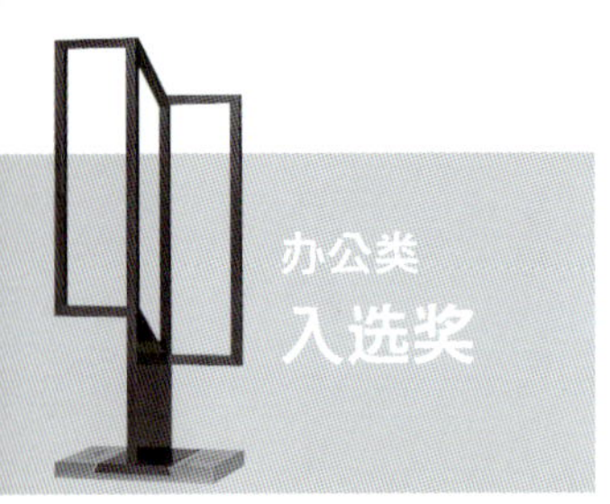

中国建筑设计研究院 1 号楼室内改造工程

所获奖项：办公类入选奖
设计单位：中国建筑设计研究院
设计主创：谈星火　温馨
设计团队：郭晓明　魏黎　刘崃

小东园

所获奖项：文化、展览类入选奖
设计单位：南京名谷设计机构
设计主创：潘冉

郡府会

所获奖项：文化、展览类入选奖
设计单位：福州联旭装饰工程设计有限公司
设计主创：吴联旭

北大书吧

所获奖项：文化、展览类入选奖
设计单位：合肥许建国建筑室内装饰设计有限公司
设计主创：许建国
设计团队：刘丹　汪要新　姚佳宏

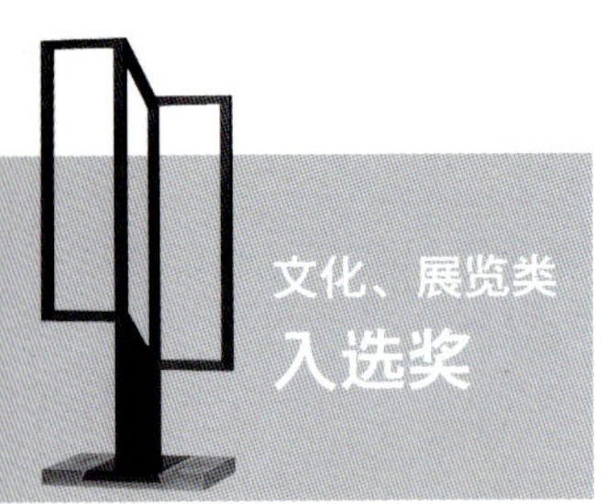

文化、展览类
入选奖

重庆国泰艺术中心室内设计

所获奖项：文化、展览类入选奖
设计单位：中国建筑设计研究院环艺院室内所
设计主创：张晔　刘烨
设计团队：盛燕　饶劢　纪岩　郭林　韩文文

潮宏基博物馆

所获奖项：文化、展览类入选奖
设计单位：汕头市博一组设计有限公司
设计主创：郑少文　肖植茂
设计团队：林峻　林锡枝

北京地铁 6 号线——东四站

所获奖项：市政、交通类入选奖
设计单位：北京丽贝亚建筑装饰工程有限公司
设计主创：张晓明
设计团队：杜俊超　刘卫茂　许科静

北师大二附中体育馆改造项目

所获奖项：市政、交通类入选奖
设计单位：北京极尚空间装饰设计有限公司
设计主创：岳琳
设计团队：李凡

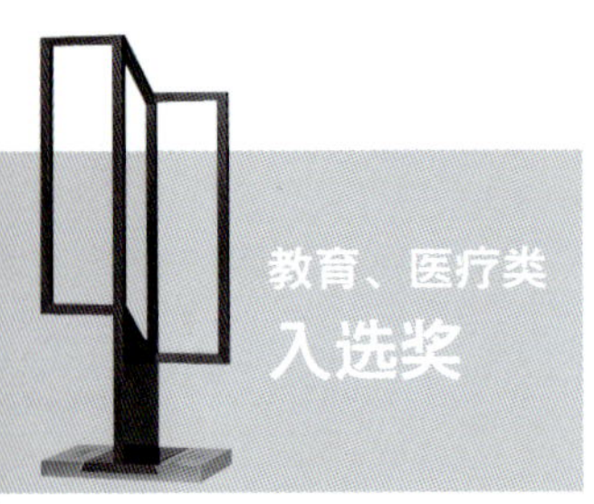

智慧

所获奖项：教育、医疗类入选奖
设计单位：福州联旭装饰工程设计有限公司
设计主创：吴联旭

实力地产 C01 栋 306 房

所获奖项：住宅类入选奖
设计单位：广州市五加二装饰设计有限公司
设计主创：柏舍励创 · 5+2 设计

悦观・山隐

所获奖项：住宅类入选奖
设计单位：鸿扬家装
设计主创：张月太

原臻

所获奖项：住宅类入选奖
设计单位：慕泽设计
设计主创：蔡宗谚

功能之尚

所获奖项：住宅类入选奖
设计单位：鸿扬家装
设计主创：张瑞

木色

所获奖项：住宅类入选奖
设计单位：鸿扬家装
设计主创：贺海兵
设计团队：袁小勤

我型我素

所获奖项：住宅类入选奖
设计单位：湖南美迪建筑装饰设计工程有限公司
设计主创：杨凯

士林洪邸设计案

所获奖项：住宅类入选奖
设计单位：隐巷设计顾问有限公司
设计主创：孟羿彣　黄士华
设计团队：袁筱媛　隐港设计顾问有限公司

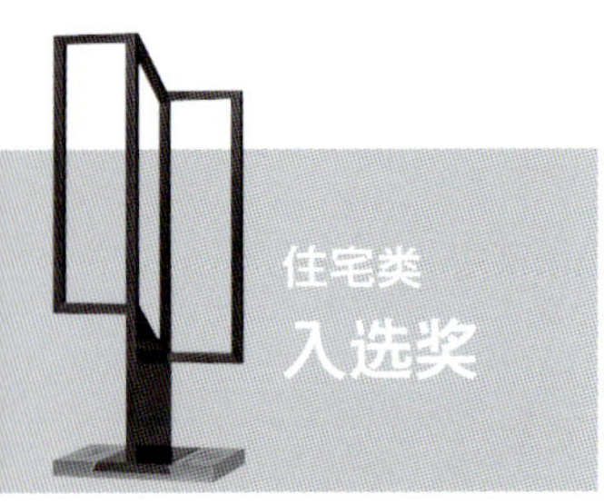

住宅类
入选奖

自由·家

所获奖项：住宅类入选奖
设计单位：洛阳红星郭是设计工程有限公司
设计主创：李成保

品悦方圆

所获奖项：住宅类入选奖
设计单位：深圳市名雕装饰股份有限公司
设计主创：肖军

明素

所获奖项：住宅类入选奖
设计单位：福州华浔品味装饰有限公司
设计主创：黄育波
设计团队：郭旭

浅．时光

所获奖项：住宅类入选奖
设计单位：湖南美迪建筑装饰设计工程有限公司
设计主创：丁明
设计团队：成磊　林兰　李珣

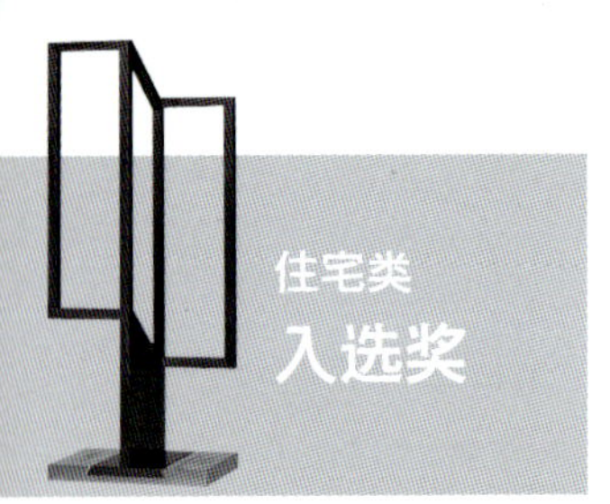

花园老洋房

所获奖项：住宅类入选奖
设计单位：上海未真室内设计工程有限公司
设计主创：邵华波

东莞龙泉豪苑 9#2101 样板房

所获奖项：住宅类入选奖
设计单位：广州市柏舍装饰设计有限公司
设计主创：柏舍励创 · 柏舍设计

世纪嘉苑

所获奖项：住宅类入选奖
设计单位：鸿扬家装
设计主创：高红成
设计团队：洪莎　徐博文

静享生活

所获奖项：住宅类入选奖
设计单位：鸿扬家装
设计主创：欧思君

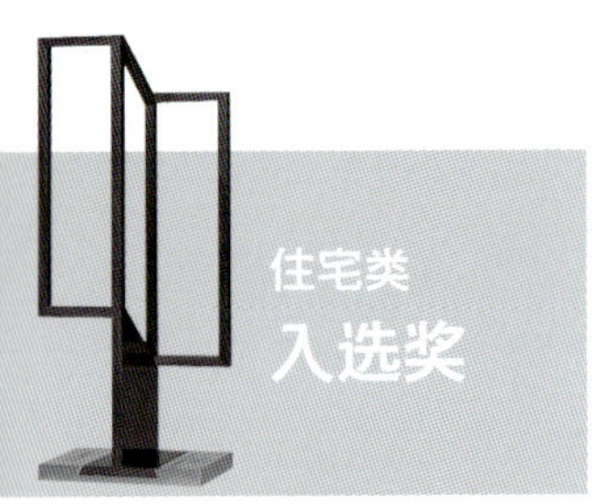

住宅类

入选奖

小黄的家

所获奖项：住宅类入选奖
设计单位：福州远步艺术装饰有限公司
设计主创：康延补
设计团队：林琳　刘常煌　黄鹄立　康思斯

设“即”空

所获奖项：住宅类入选奖
设计单位：福州子辰装饰工程有限公司
设计主创：周少瑜

国家美术馆郭邸设计案

所获奖项：住宅类入选奖
设计单位：隐巷设计顾问有限公司
设计主创：袁筱媛
设计团队：黄士华　孟羿彣

602 室

所获奖项：住宅类入选奖
设计单位：长沙艺筑装饰公司
设计主创：陈文静

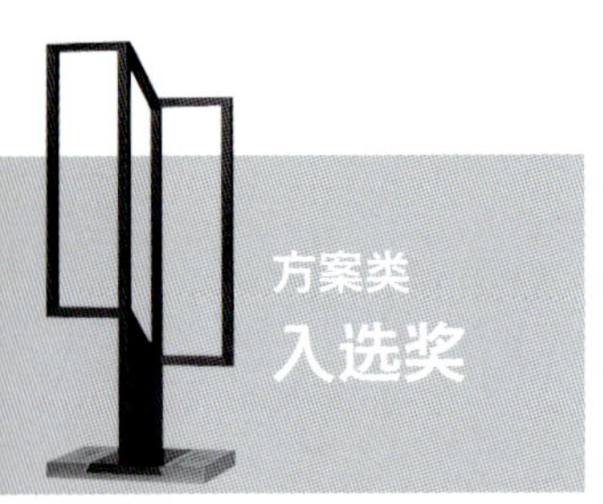

方案类
入选奖

临空公寓式酒店、会议中心、公寓式办公室内装饰设计

所获奖项：方案类入选奖
设计单位：上海现代建筑装饰环境设计研究院有限公司
设计主创：文勇　庄磊
设计团队：杨宇

都市园田——华宇创意媒体办公空间设计

所获奖项：方案类入选奖
设计单位：中国矿业大学艺术与设计学院空间设计研究所
设计主创：鲍盼盼　矫苏平
设计团队：勾思　冯瑾

绿芦

所获奖项：方案类入选奖
设计单位：南京名谷设计机构
设计主创：潘冉
设计团队：徐婷婷　萧倩茹

融合

所获奖项：方案类入选奖
设计单位：鸿扬家装
设计主创：谢江波

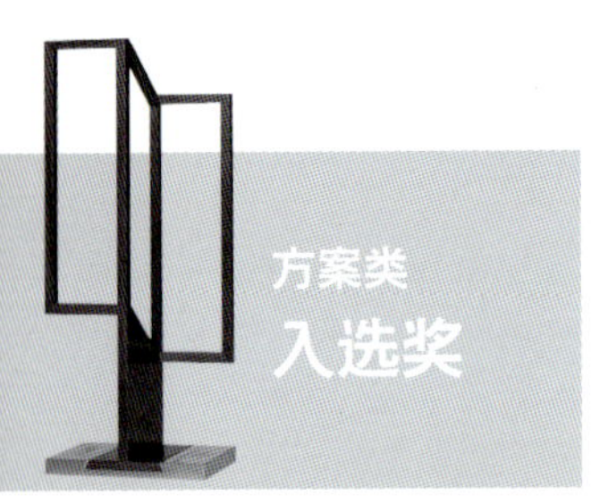

方案类
入选奖

爱心森林——福州鼓楼实验幼儿园

所获奖项：方案类入选奖
设计单位：协盛．简艺东方设计机构
设计主创：林元娜
设计团队：孙长健

哈尔滨西林开元名都大酒店

所获奖项：方案类入选奖
设计单位：苏州金螳螂建筑装饰股份有限公司
设计主创：洪登平　席行干
设计团队：王铁峰

广州越秀山中恒源博物馆

所获奖项：方案类入选奖
设计单位：珠海杨佴环境艺术设计有限公司
设计主创：杨佴

国门一号家具建材采购中心

所获奖项：方案类入选奖
设计单位：北京丽贝亚建筑装饰工程有限公司
设计主创：杨贺　刘立伟
设计团队：潘岫锋　李亭　李泽　王燕　王岳　魏威　潘旭东

成都永利国际会所

所获奖项：方案类入选奖
设计单位：深圳市派尚环境艺术设计有限公司
设计主创：周静　周伟栋
设计团队：李忠

中海油大厦（上海）建设项目精装修设计方案

所获奖项：方案类入选奖
设计单位：上海现代建筑装饰环境设计研究院有限公司
设计主创：张珉
设计团队：周仁懿

北京某私人别墅

所获奖项：方案类入选奖
设计单位：广州市柏舍装饰设计有限公司
设计主创：柏舍励创 · 柏舍设计

东莞名家居世博园

所获奖项：方案类入选奖
设计单位：深圳市名汉唐设计有限公司
设计主创：卢涛　陈建华

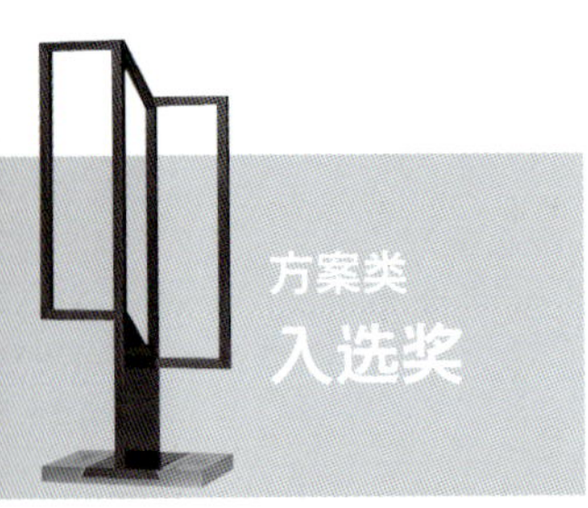

中国光学科学技术馆

所获奖项：方案类入选奖
设计单位：上海尚珂展示设计工程有限公司
设计主创：王征宇　王玮
设计团队：王春磊　庞淼　张瑞航　周黄平　刘小丽　徐方

长春规划展览馆

所获奖项：方案类入选奖
设计单位：中国建筑设计研究院环艺院室内所
设计主创：张晔　曹阳
设计团队：刘露蕊　纪岩　饶劢

哈尔滨市吉它协会

所获奖项：方案类入选奖
设计单位：哈尔滨市装饰协会设计研究中心
设计主创：孙朋久

画家

所获奖项：方案类入选奖
设计单位：湖南美迪建筑装饰设计工程有限公司
设计主创：杨凯

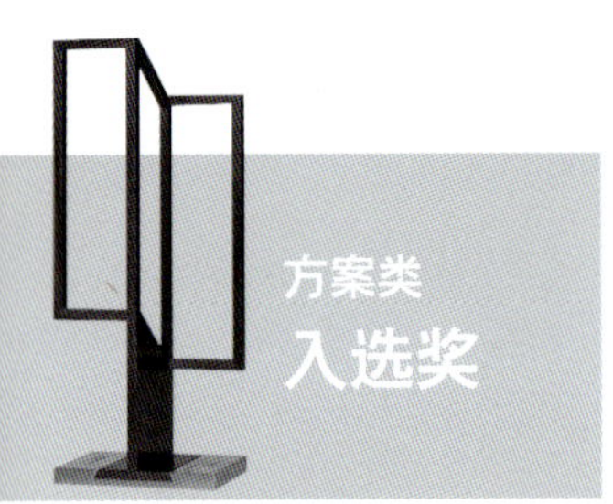

云川

所获奖项：方案类入选奖
设计单位：南京熙文装饰设计工程有限公司
设计主创：郭晰纹

对奕——中瑞国际影城

所获奖项：方案类入选奖
设计单位：协盛．简艺东方设计机构
设计主创：林元娜
设计团队：孙长健

舟山和津城市假日酒店

所获奖项：方案类入选奖
设计单位：宁波南天装饰设计工程有限公司
设计主创：陈爱明
设计团队：王志民　蒲若鹏　王艳春

普陀大剧院

所获奖项：方案类入选奖
设计单位：深圳市洪涛装饰股份有限公司
设计主创：范晓刚
设计团队：孙大壮

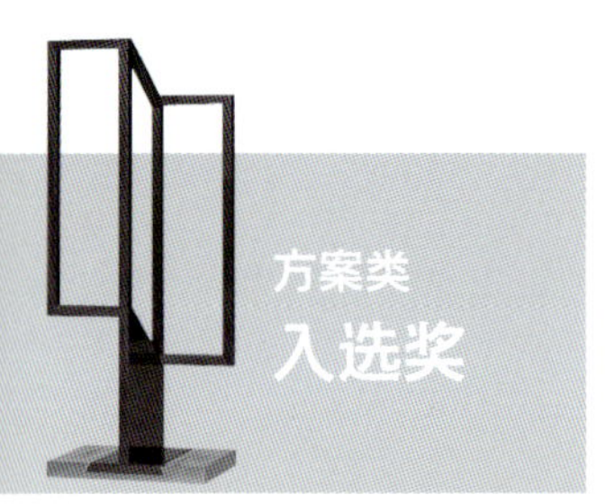

杭州国际博览中心

所获奖项：方案类入选奖
设计单位：杭州国美建筑装饰设计院有限公司
设计主创：李静源
设计团队：胡栩 张哲 舒波 来嘉炜 方彧 朱利峰 魏国峰 周志国

蓝顶当代艺术雕塑家工作室

所获奖项：方案类入选奖
设计单位：成都筑焱建筑设计咨询有限公司
设计主创：周炯焱
设计团队：杨潇 叶汀桂 刘璐

璟恒国际办公楼

所获奖项：方案类入选奖
设计单位：苏州金螳螂建筑装饰股份有限公司
设计主创：季震宇　徐杰
设计团队：周雅萍　王爱多　赵金星　顾鑫

广州银行大厦 53~55 层博斯办公楼

所获奖项：方案类入选奖
设计单位：小杰空间设计工作室、杭州国美建筑装饰设计院有限公司
设计主创：朱小杰　舒波
设计团队：朱大象　卢鸿波　魏国春　虞晓颖

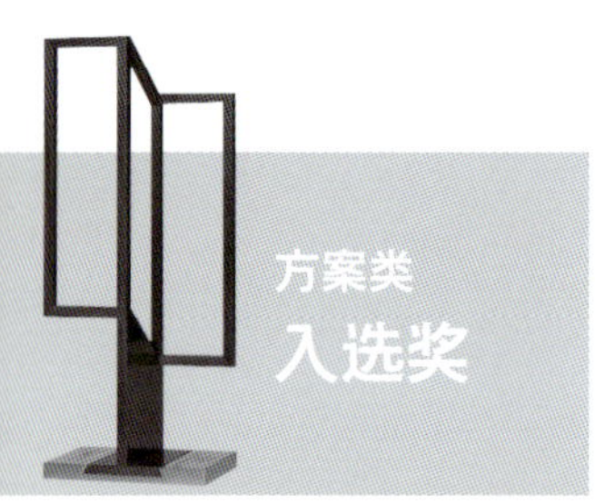

中国宋庄原创艺术第一街方案设计

所获奖项：方案类入选奖
设计单位：哈尔滨唯美源装饰设计有限公司
设计主创：赵红军　吴婉莹
设计团队：辛明雨　高迪　韩龙　陈鹏　王婉玉　唐海博

拱北文华书城

所获奖项：方案类入选奖
设计单位：珠海杨佴环境艺术设计有限公司
设计主创：杨佴

北京居然之家黄花梨博物馆

所获奖项：方案类入选奖
设计单位：北京丽贝亚建筑装饰工程有限公司
设计主创：鲁小川
设计团队：石珊珊　邵怀影　张岩

兰亭墅

所获奖项：方案类入选奖
设计单位：鸿扬家装
设计主创：谢志云

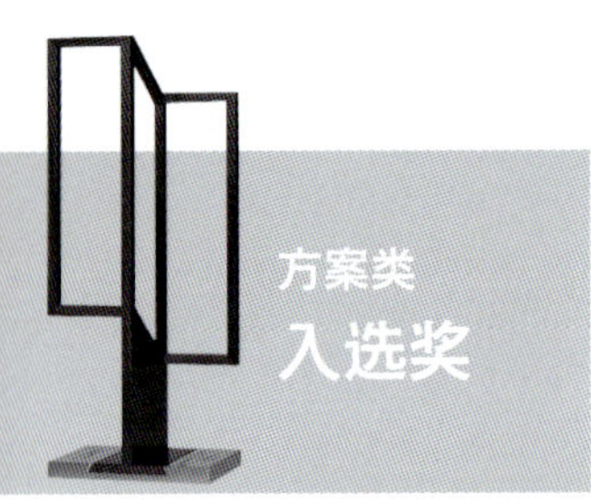

国开行四合院会所项目

所获奖项：方案类入选奖
设计单位：北京丽贝亚建筑装饰工程有限公司
设计主创：刘旭东
设计团队：刘宏涛　孟艳明

荷依静塾

所获奖项：方案类入选奖
设计单位：鸿扬家装
设计主创：贺丹

“三影舍”

所获奖项：方案类入选奖
设计单位：湖南美迪建筑装饰设计工程有限公司
设计主创：周港　马丽　丁明
设计团队：汪红春　刘敏

中国昆曲剧院

所获奖项：方案类入选奖
设计单位：苏州苏明装饰股份有限公司
设计主创：陈天虹　魏无蓉
设计团队：缪风

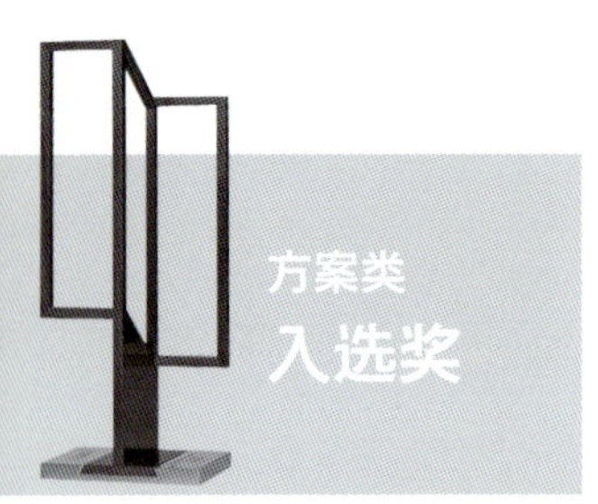

方案类
入选奖

济宁市人民检察院法治文化教育基地

所获奖项：方案类入选奖
设计单位：山东新思域设计艺术有限公司
设计主创：丰兴军
设计团队：王海宁　李亚明　房好泉

衡水大厦・冠京商务会所

所获奖项：方案类入选奖
设计单位：中国建筑设计研究院环艺院室内所
设计主创：郭晓明　曹阳
设计团队：魏黎

通仙会所

所获奖项：方案类入选奖
设计单位：福建国广一叶建筑装饰设计工程有限公司
设计主创：何华武　陈亿元
设计团队：林燊荣　李雪丹　王宗龙　陈亮

龙湖书香

所获奖项：方案类入选奖
设计单位：郑州弘文建筑装饰设计有限公司
设计主创：王政强　涂真伟
设计团队：任红涛　段素华　李志强

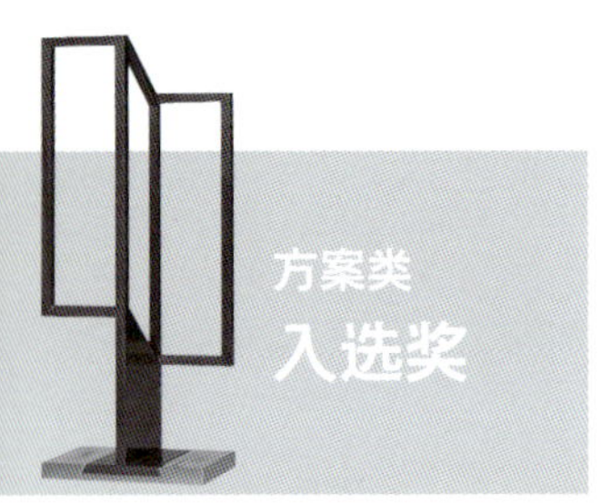

金融街控股四合院会所项目

所获奖项：方案类入选奖
设计单位：北京丽贝亚建筑装饰工程有限公司
设计主创：刘旭东
设计团队：刘宏涛　孟艳明

成都国学馆

所获奖项：方案类入选奖
设计单位：北京筑邦建筑环境艺术设计院张鸿设计机构
设计主创：张鸿
设计团队：黄卫　苏军平

时轮金刚坛城

所获奖项：方案类入选奖
设计单位：北京筑邦建筑环境艺术设计院张鸿设计机构
设计主创：张鸿
设计团队：王江峰　苏军平

中粮 · 北纬 28° 别墅

所获奖项：方案类入选奖
设计单位：鸿扬家装
设计主创：陈志斌

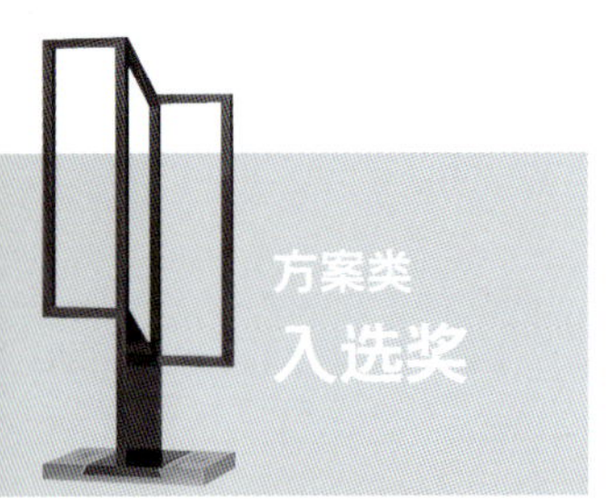

武警老干部服务处项目

所获奖项：方案类入选奖
设计单位：中国建筑设计研究院环艺院室内所
设计主创：张晔　韩文文
设计团队：顾大海　刘烨　马盟雪

潘祖荫故居

所获奖项：方案类入选奖
设计单位：苏州苏明装饰股份有限公司
设计主创：林孝江　孔渝婧

廊趣——乡村教育建筑及空间实践

所获奖项：方案类入选奖
设计单位：合肥图语艺术设计有限责任公司
设计主创：许放
设计团队：刘阳　蔡斌　曹昊　郭柳

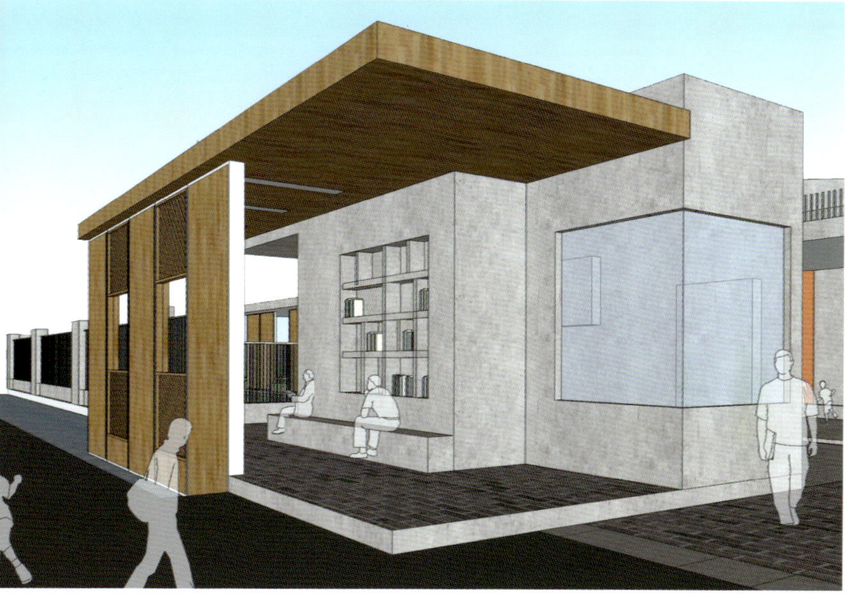

幻影——中瑞南华影城

所获奖项：方案类入选奖
设计单位：协盛.简艺东方设计机构
设计主创：林元娜
设计团队：孙长健

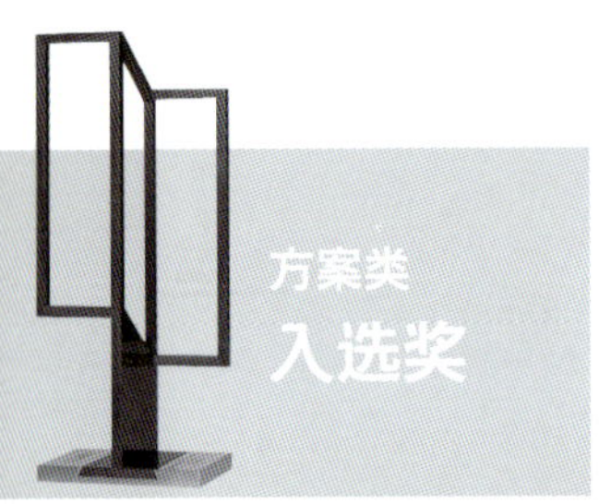

书法家陈海良府邸

所获奖项：方案类入选奖
设计单位：苏州金螳螂建筑装饰股份有限公司
设计主创：刘长东
设计团队：吴静娴

大同博物馆

所获奖项：方案类入选奖
设计单位：苏州金螳螂建筑装饰股份有限公司
设计主创：王峥
设计团队：乔雷

某建筑设计院

所获奖项：方案类入选奖
设计单位：南京厚然设计顾问有限公司
设计主创：王宁　王娟

筑竹

所获奖项：方案类入选奖
设计单位：鸿扬家装
设计主创：曾统

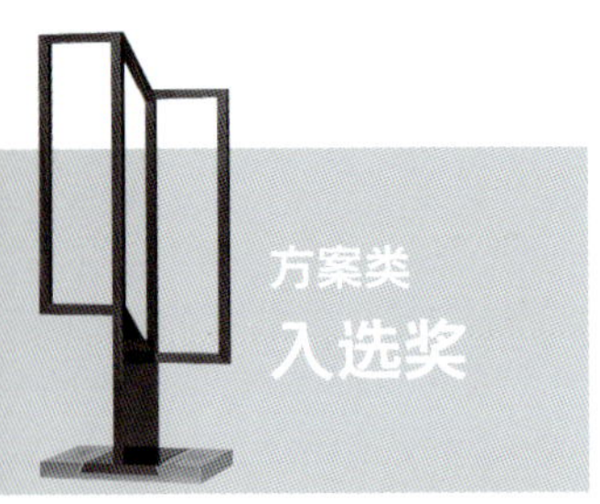

时光流影

所获奖项：方案类入选奖
设计单位：湖南汇智装饰工程有限公司
设计主创：徐猛　周利
设计团队：叶向如　罗旭

新津县兴义镇游客接待中心

所获奖项：方案类入选奖
设计单位：四川省建筑设计院
设计主创：白中奎　严君

旋律

所获奖项：方案类入选奖
设计单位：鸿扬家装
设计主创：李正云

竹禅

所获奖项：方案类入选奖
设计单位：鸿扬家装
设计主创：曾统
设计团队：李军

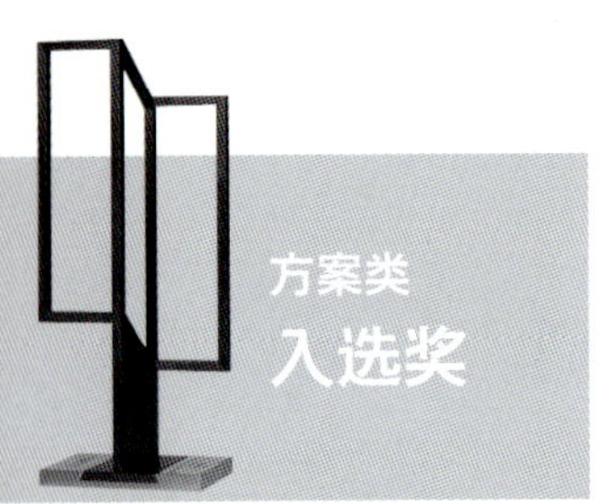

旧厂房（夹缝里的春天）

所获奖项：方案类入选奖
设计单位：山西省并州吉祥满堂红装饰工程有限公司
设计主创：李海云
设计团队：李文媛

中建技术中心实验楼改扩建工程精装修工程

所获奖项：方案类入选奖
设计单位：苏州金螳螂建筑装饰股份有限公司北京设计研究院
设计主创：崔钺　孙漠
设计团队：杨海涛

设计师名录（以拼音排序）

DESIGNER

柏舍励创·5+2设计
广州市五加二装饰设计有限公司

蔡宗谚
台北嘉泽设计主持设计师

邸士武
中国建筑设计研究院建筑师

丁明
中国建筑学会室内设计分会会员
湖南美迪建筑装饰设计工程有限公司 设计师

高立平
中国建筑学会室内设计分会理事
美国联合（UN）设计中国区分公司董事、
设计总监

何华武
中国建筑学会室内设计分会高级室内建筑师
福建国广一叶建筑装饰设计工程有限公司董事、
副总设计师

胡强
中国建筑学会室内设计分会会员
无锡观点室内设计事务所主案设计师

黄桥
造美室内设计有限公司设计师

黄永才
共和都市（香港）国际设计有限公司合伙人、
首席执行官
黄友磊 福州宽北设计机构首席设计师、董事

黄友磊
福州宽北设计机构首席设计师、董事

纪岩
中国建筑设计研究院 室内设计师

姜峰
中国建筑学会室内设计分会 副理事长
J&A 姜峰设计公司总经理、总设计师

蒋华健
泛文中国 总设计师

景金鹏
陕西鹏涛室内设计有限公司创意总监

康延补
福州远步艺术装饰有限公司总设计师

李川道
福州东道建筑装饰设计有限公司 总设计师

设计师名录（以拼音排序）
DESIGNER

李凡
中国建筑学会室内设计分会会员
洛阳东厢营造设计机构总设计师

李建光
造美室内设计有限公司 设计总监

李建辉
东莞创达维森设计机构 设计师

李军
成都上界室内设计有限公司负责人 设计总监

刘卫军
PINKI（品伊）创意集团（香港）有限公司
董事长

刘烨
中国建筑设计研究院—室内设计研究所
高级建筑师

吕靖
杭州大麦室内设计有限公司设计总监

罗田
东北师范大学美术学院

孙传进
中国建筑学会室内设计分会会员
无锡观点室内设计事务所 董事、主案设计师

孙书佳
北京丽贝亚建筑装饰工程有限公司 设计师

谭立予
高级室内建筑师
广东星艺装饰集团广州公司首席设计师

唐桂树
湖南美迪建筑装饰工程有限公司
赵益平设计师事务所 设计师

翁德
WENG DESIGN 设计事务所 设计总监

翁瑞栋
杭州华优室内设计有限公司总经理

吴少余
宝立方装饰工程有限公司
总经理 首席设计师

吴伟宏
厦门东方设计装修工程有限公司创意总监

李珂

北京凯泰达国际建筑设计咨询有限公司
设计总监

梁义

PINKI（品伊）创意集团（香港）有限公司
首席创意总监

梁宇曦

佛山市墨象设计顾问有限公司 主创设计师

廖辉

中国建筑学会室内设计分会会员
江西汉元正果广告公司策划设计有限公司
设计总监

麦德斌

中国建筑学会室内设计分会 会员
创达·维森设计机构 设计总监

饶劢

中国建筑设计研究院 室副主任

施旭东

中国建筑学会室内设计分会 理事
唐玛（上海）国际设计 首席设计师

苏四强

郑州弘文建筑装饰设计有限公司方案设计师

陶胜

中国建筑学会室内设计分会 高级室内建筑师
南京登胜空间设计有限公司 创意总监

王传顺

上海现代建筑装饰环境设计研究院有限公司
总建筑师

王砚晨 李向宁

中国建筑学会室内设计分会会员
经典国际设计机构（亚洲）有限公司
首席设计总监 艺术总监

王政强

郑州弘文建筑装饰设计有限公司总设计师

夏凡

湖南美迪建筑装饰工程有限公司
赵益平设计师事务所 设计部长

谢崔昀

福建省建筑设计研究院建筑装饰与环境设计
分院总工程师 高级工程师

徐代恒

徐代恒设计事务所创始人 设计总监

徐福民

福建厦门徐福民室内设计有限公司总经理
设计总监

设计师名录（以拼音排序）
DESIGNER

徐猛
湖南汇智装饰工程有限公司
徐猛设计事务所 设计总监

许建国
合肥许建国建筑室内装饰设计有限公司
创始人 设计主持

杨铭斌
杨铭斌设计事业有限公司创始人 总设计师

俞骏
名匠装饰广州总部设计总监

张灿
中国建筑学会室内设计分会 会员
四川创视达建筑装饰设计有限公司
董事长兼创作总监

张鸿
北京筑邦建筑环境艺术设计院 张鸿设计
机构设计总监

张明杰
中国建筑设计研究院 室主任

张鹏峰
张鹏峰国际空间设计团队 设计总监

张涛
陕西鹏涛室内设计有限公司执行总监

张晔
中国建筑设计研究院 室主任 院副总建筑师

郑杨辉
福州宽北装饰设计有限公司首席设计师

周静
深圳市派尚环境艺术设计有限公司执行董事
首席设计总监

周利
湖南汇智装饰工程有限公司
徐猛设计事务所 创意设计师

周伟栋
深圳市派尚环境艺术设计有限公司
设计总监

左琰
中国建筑学会室内设计分会 理事
同济大学建筑与城市规划学院 教授、博导

佐藤航
国誉家具商贸（上海）有限公司 主创设计师